Fig.152

Fig.151.

Fig.153.

Fig.154.

Fig.151.
Fig.153.

看漫画读经典系列

牛顿的原理

[韩]宋恩永 著 [韩]洪昭珍 绘

王福娇 周 琳 刘 欢 陈 楠 译

科学普及出版社

·北 京·

图书在版编目（CIP）数据

牛顿的原理 /（韩）宋恩永著；（韩）洪招珍绘；王福娇等译.
北京：科学普及出版社，2019.9（2023.8重印）
（看漫画读经典系列）
ISBN 978-7-110-08033-7

Ⅰ.①牛… Ⅱ.①宋… ②洪… ③王… Ⅲ.①牛顿力学—普及读物
②牛顿运动定律—普及读物 Ⅳ.①03-49

中国版本图书馆CIP数据核字（2013）第001920号

策划编辑 任 洪 何红哲 周少敏
责任编辑 何红哲
封面设计 欢唱图文吴风泽
排版设计 北京市青桃涵文化发展有限公司
责任校对 邓雪梅
责任印制 李晓霖

出　　版 科学普及出版社
发　　行 中国科学技术出版社有限公司发行部
地　　址 北京市海淀区中关村南大街16号
邮　　编 100081
发行电话 010-62173865
传　　真 010-62173081
网　　址 http://www.cspbooks.com.cn

开　　本 787mm×1092mm 1/16
字　　数 253千字
印　　张 15
版　　次 2019年9月第1版
印　　次 2023年8月第6次印刷
印　　刷 北京瑞禾彩色印刷有限公司

书　　号 ISBN 978-7-110-08033-7/O・191
定　　价 42.00元

（凡购买本社图书，如有缺页、倒页、脱页者，本社发行部负责调换）

透过漫画，邂逅大师

让人文经典成为大众读本

40多年前，在我家的胡同口，有一个专门向小孩子出租漫画书的小店。地上铺着一张大大的黑色塑料布，上面摆满了孩子们喜欢的各种漫画书，只要花一块钱就可以租上一本。就是在那里，我第一次接触到漫画。那时我一边看漫画，一边学认字。从那个时候起，我就感受和领悟到了漫画的力量。

漫画使我与读书结下了不解之缘。慢慢地我爱上了读书，中学时我担任班里的图书委员。当时我所在的学校，有一座拥有10万册藏书的图书馆，我几乎每天都要在那里值班，边打理图书馆边读书，逗留到晚上10点。那个时期，我阅读了大量的书籍。

比如海明威的《老人与海》，和我同龄的孩子都觉得枯燥无聊，而我却至少读了四遍，每次都激动得手心出汗。还有赫尔曼·黑塞的《德米安》，为我青春躁动的叛逆期带来了许多抚慰。我还曾经因为熬夜阅读金来成的《青春剧场》而考砸了第二天的期中考试。

那时我的梦想就是有朝一日能经营一家超大型的图书馆，可以终日徜徉在书的世界；同时，我还想成为一名作家，写出深受大众喜爱的作品。而现

在，我又有了一个更大的梦想，那就是创作一套精彩的漫画书，可以为孩子们带去梦想和慰藉，为孩子们开启心灵之窗，放飞梦想的翅膀，帮助他们更加深刻地理解自己的人生。

这套书从韩国首尔大学推荐给青少年的必读书目中精选而出，然后以漫画的形式解读成书。可以说，这些经典名著凝聚了人类思想的精华，铸就了人类文化的金字塔。但由于原著往往艰深难懂，令人望而生畏，很多人都是只闻其名，却未曾认真阅读。

现在这套漫画书就大为不同啦！它在准确传达原著内容的基础上，让人物与思想都活了起来。读来引人入胜，犹如身临其境，与那些伟大的思想家展开面对面的对话。这套书的制作可谓是系统工程，它是由几十位教师和专家组成的创作团队执笔，再由几十位漫画家费尽心血，配以通俗有趣又能准确传达原著精髓的绘画制作完成。

因此，我可以很负责任地说，这是一套非常优秀的人文科学类普及读物。这套书不仅适合儿童和青少年阅读，也适合成人阅读，特别是父母与孩子一起阅读。就如同现在有“大众明星”“大众歌手”一样，我非常希望这套“看漫画读经典系列”图书可以成为广受欢迎的“大众读本”。

孙永云

让思维从地球延伸到宇宙吧

如果要选出人类历史上最具影响力的三四本书，其中不可或缺的是牛顿的《原理》（*Principia*）一书。Principia是“原理”的意思，原书全名叫作《自然哲学的数学原理》（*Philosophiae Naturalis Principia Mathematica*），通常简称为《原理》。

众所周知，牛顿是非常著名的物理学家。学者都同意将牛顿列为仅次于爱因斯坦的物理学家，这当然是有充分理由的。

物理学家希望实现的最终梦想就是“统一”。如果可能，他们想用一个理论或一个法则来说明所有的自然现象。爱因斯坦在提出“相对论”之后，试图用“统一场理论”来实现那个很有成就感的统一雄心，但最终没有实现。当今的物理学家为了实现爱因斯坦未能实现的梦想倾注了各种努力。

那么，大家知道为“统一场理论”铺垫第一块砖的科学家是谁吗？他就是牛顿。在牛顿之前，在人的意识里地球是一个与宇宙完全不相关的世界。宇宙是神明生活的高贵空间，人类是没有胆量侵犯的。伽利略因触犯了这一点，晚年受到了宗教的审判。

伽利略没能完成的事情，牛顿做到了。牛顿明确地证实了适用于地球的运动定律也适用于宇宙空间，地球的重力在宇宙中也适用。这是将地球与宇宙的运动定律和重力相统一的第一例。因此，牛顿被选为与爱因斯坦齐名的人物，受到了世人的高度评价。牛顿的著作《原理》一书，原原本本地记载了其研究成果，在全世界创造了极高的销量。

我希望大家通过这本图文并茂的漫画书，更形象地了解牛顿的伟大成果。同时，也希望这本书可以帮助大家能更顺畅地理解牛顿的原著《原理》。

宋恩永

前院的叔叔牛顿，隔壁的弟弟万有引力

有些人活了一辈子，从没有产生过好奇感。相反，也有些人对世上所有的事物始终都感到好奇，想要去了解它。带着问号去生活，就是通向科学的第一步。

科学是略有距离感的，同时又是有趣而令人好奇的。虽然如此，但由于处处充斥着复杂的原理，因此难免让人望而却步。就像地铁站里响起的广播须知一样：

"请大家站到黄色安全线以外。"

牛顿的著作《原理》也是如此，它既是一本非常优秀的书，也是一本让人头疼的书。再加上原著是用拉丁语写作的，也许更不容易着手。如果各位选择这本书的话，我认为，也许是出于对科学好奇的缘故吧。所以作为画家的我，会尽最大的努力来画出更易读、更易懂的作品。"要画得即使是不喜欢科学的人读起来也很容易理解！"这是我开始画这本书时的决心。

本书中出现了包括牛顿在内的许多科学家。虽然与牛顿生活在同一时代的科学家并不多，但在书中却可以很形象地看到牛顿在《原理》中整理其他众多物理学家、天文学家的假说的过程。同时，也可以通过图画很容易地理解牛顿发现的适用于宇宙的力的相互关系。除此之外，也希望正在读本书的各位能够感受到，牛顿发现的力此刻也正作用在你们的身上。

在辽阔的真理海洋中，牛顿发现了光滑的小石子和美丽的贝壳。

我希望我在从事本书绘画创作时所学到的许多知识，阅读本书的读者也同样可以学习到。最后，感谢信任并等待我的牟海奎老师、在百忙之中抽出时间帮助我的洪夏英（音译）小姐，感谢比名誉更孤独的牛顿，以及他发现的现在仍然作用在我身上的万有引力……

感谢这所有的一切。

洪�珍

|目录|

假想大讨论

牛顿VS爱因斯坦　论重力

第1章 《原理》是一本怎样的书

说到牛顿，我们一定要记住一本书。
知道是哪本吗?

就是牛顿在1687年出版的《原理》一书!

书名全称是《自然哲学的数学原理》。
Philosophiae Naturalis Principia Mathematica
太长了!

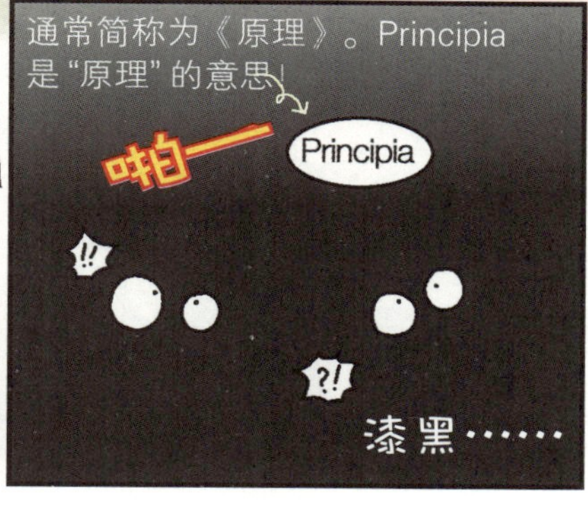
通常简称为《原理》。Principia是“原理”的意思!
啪——
Principia
!!
?!
漆黑……

为什么将书的名字叫作《自然哲学的数学原理》呢?
嗯……

在牛顿生活的时代，“科学”这一概念并不明确。
摇晃
摇晃
科
学

哲学概念中也包括了科学。哲学不就是指带着疑问去寻找答案的学科吗?
人生是什么?
我为什么是站着的?

因此自然哲学可以看作是带着对自然的疑问去寻找答案的学科。
云彩为什么是白色的?
月亮为什么在一个月之内每天变化?

那么，解决对自然哲学疑问的学科是什么?

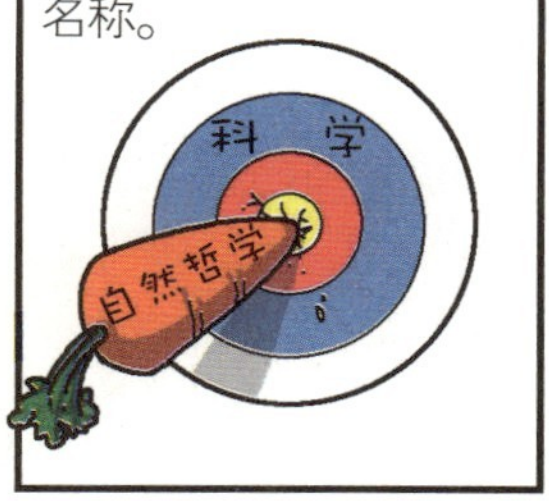
没错，就是科学！所以可以把“自然哲学”看作是“科学”的另一个名称。
科
学
自然哲学

那么，“自然哲学的数学原理”又是指什么呢?
修饰词
好多呀!
原理

其实只要牛顿下定决心，这部著作可能会更早地公之于世。

1684年，埃德蒙多·哈雷、克里斯托弗·雷恩和罗伯特·胡克对行星的运动展开了激烈的讨论。

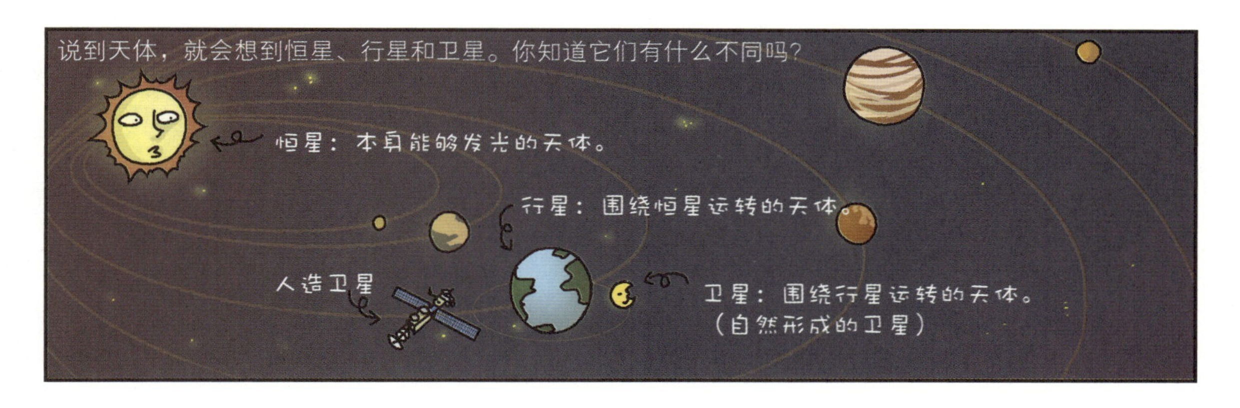

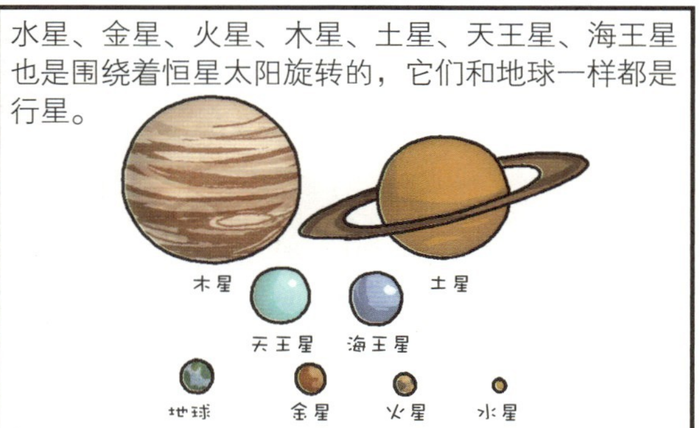

讨论到最后，三人得出结论："围绕太阳公转的行星与太阳之间的距离的平方与所受的力成反比。"
正确！

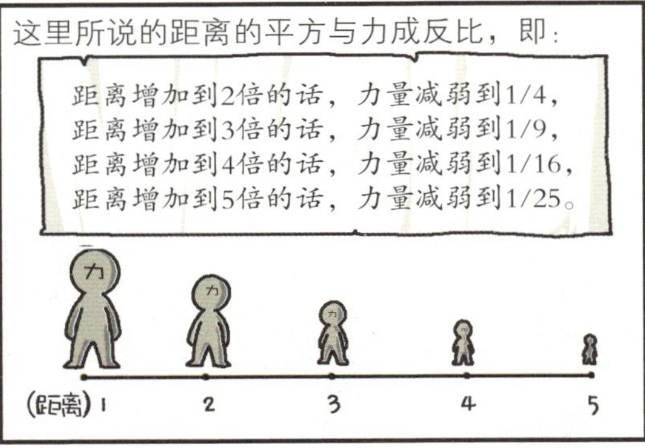
这里所说的距离的平方与力成反比，即：
距离增加到2倍的话，力量减弱到1/4，
距离增加到3倍的话，力量减弱到1/9，
距离增加到4倍的话，力量减弱到1/16，
距离增加到5倍的话，力量减弱到1/25。
力
(距离) 1
2
3
4
5

哈雷、雷恩和胡克虽然得出了这样的结论，却无法证明它。

"证明"对于科学来说是最重要的。

通过证明来判断结论是否正确。所以，如果无法做出证明，结论也就没什么意义。

那么应该怎么证明呢？
从大的方面来说有两种方法。
哦？

一种是实验和观测，

另一种是理论研究。

按当时的条件来说，通过实验和观测来证明几乎是不可能的。

那么就要用理论来证明，当时所用的方法就是数学。
来，利用吧！
高中
数学

哈雷、雷恩和胡克也想利用数学来证明，却毫无头绪。
……
郁闷

就在这时，哈雷想起了牛顿。
呵呵呵

他径直跑向牛顿所在的剑桥大学。
嗖嗖

两人谈得非常愉快。
我认为行星围绕太阳公转时，它与太阳之间的距离的平方与引力大小成反比。
我也是这么认为的。

那么行星是按照什么样的轨道运行的呢？
椭圆。

吃惊
怎么回答得这么快，这么自信呢？
因为以前就计算过了。

真的吗？可以让我看看吗？
当然可以。

但是牛顿却找不到计算的手稿了。

再计算一遍好了！

*皇家学会：1660年英国设立的自然科学学会。

就这样，震惊世界的著作
《原理》终于问世了。

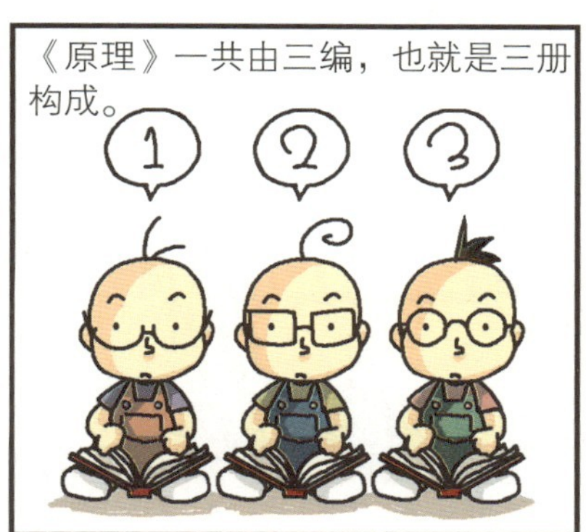
《原理》一共由三编，也就是三册构成。
1
2
3

第一册讲关于物体的运动。

首先，书中说明了与运动相关的词语的定义。
向心力
物质的量
运动的量
力

对“物质的量”进行了定义，
物质的量=密度×体积
将它换成密度的形式来表示，
刺啦
物质的量/体积=密度
把体积挪过来除一下就可以了。
教科书中是这样定义密度的：
密度=物质的量/体积
从这个公式可以看出，质量就是物质的量。

与剪碎之前的整张彩纸一样吧！

加速度定律
第二运动定律

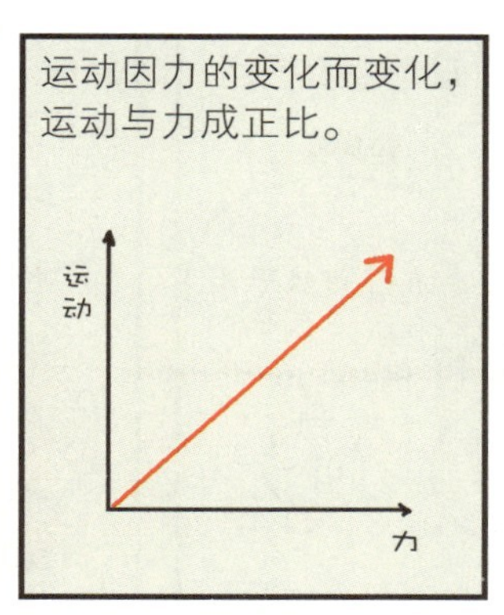
运动因力的变化而变化，运动与力成正比。
运动
力

如果作用力弱，运动就慢，

如果作用力变强，运动就会变快。

另外，作用的力决定了运动的方向。
力

向右侧施力，物体便向右侧运动，向左侧施力，物体便向左侧运动。
嗨哟！
?
运动方向

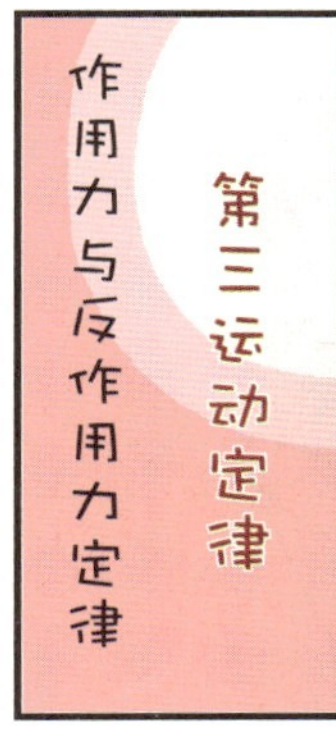
作用力与反作用力定律
第三运动定律

有作用力就一定有反作用力。作用力与反作用力的大小相同，方向相反。
哐

用脚踢门，脚自然会疼！
该死的反作用力！

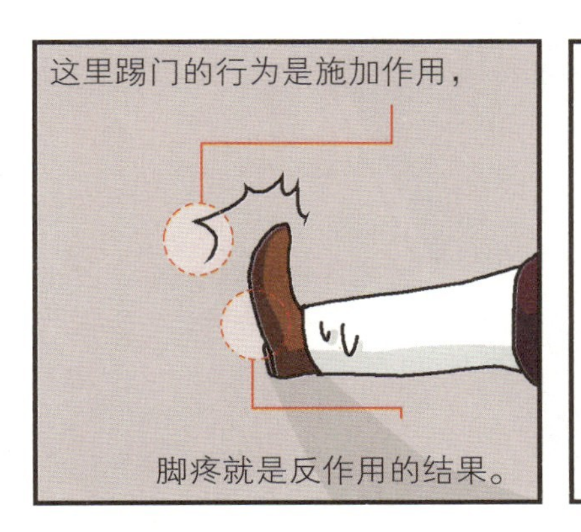
这里踢门的行为是施加作用，
脚疼就是反作用的结果。

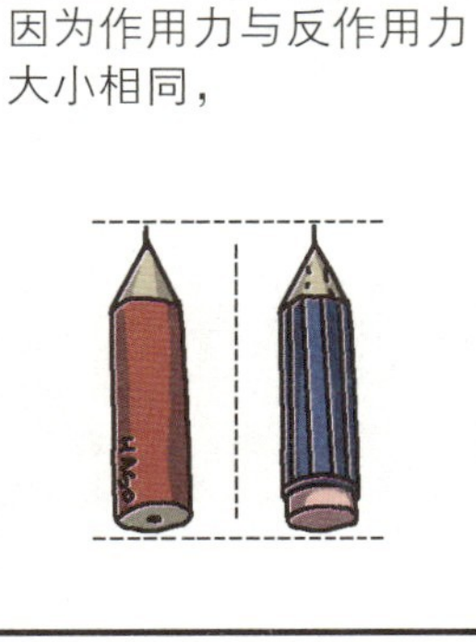
因为作用力与反作用力大小相同，

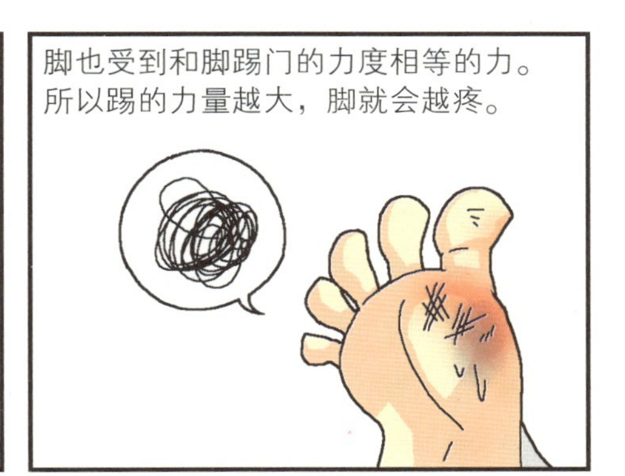
脚也受到和脚踢门的力度相等的力。所以踢的力量越大，脚就会越疼。

首先将水倒入杯中，用筷子搅动，水便会产生涡旋，漂浮在水上的泡沫塑料就会跟着涡旋一起旋转。

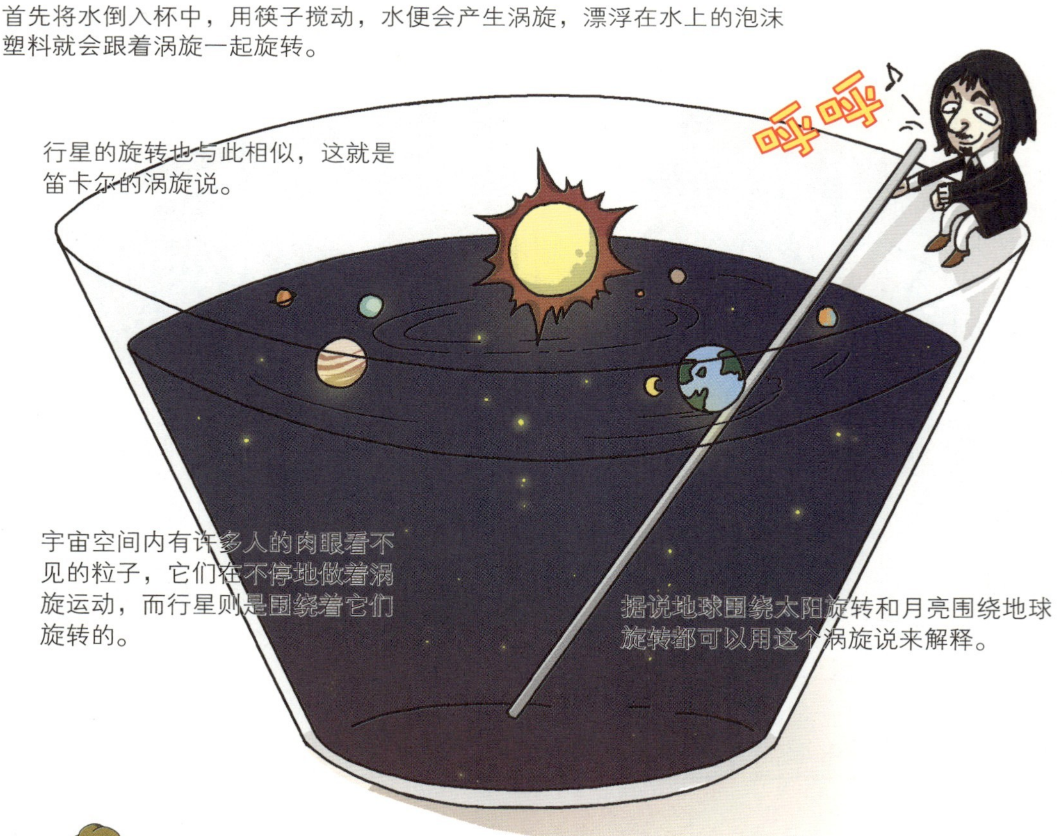

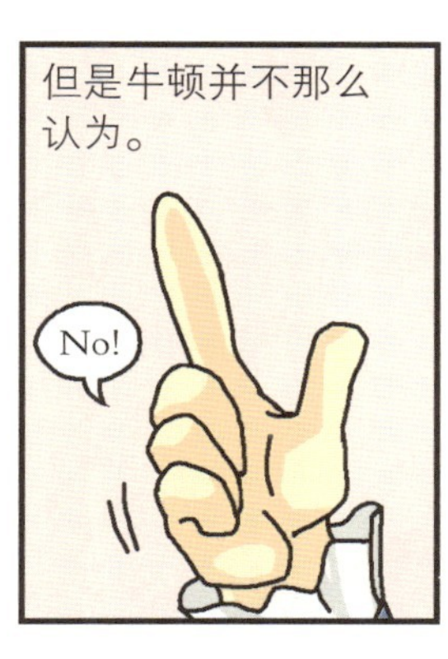
但是牛顿并不那么认为。
No!

他看到了笛卡尔的涡旋说存在的问题。

如果在盆中装上水，用筷子在中间搅动的话，就会产生涡旋。
看好了。
点头

泡沫塑料刚开始会随着涡旋旋转。

但是经过一段时间，泡沫塑料便向着涡旋中心靠近，最后到达涡旋中心。

如果按照笛卡尔的涡旋说来看，

围绕太阳旋转的地球，

会一点点接近太阳，最后与太阳相撞。
咚!

围绕地球旋转的月亮也一样。
哐!

但是地球和月亮已经存在了数十亿年，却从未发生过那样的事情。这就说明涡旋说是不合理的。

牛顿从各个角度冷静而透彻地分析了涡旋说理论。
涡旋
说

牛顿还得出结论：用涡旋说很难说明行星为什么会按照一定的轨道运行。

仅用万有引力一个定律，就解释了各种似乎很不相关的自然现象。

另外，在第三册中还说明了自然科学研究的基本推理规则。

Rule

跟我来！

第2章 牛顿是个什么样的人

1642年，打开近代科学之门的物理学家伽利略离开了世界。
但地球依然转动着。

不知是偶然，还是命运，同样是1642年，牛顿出生了。
哇

所以后人常常这样说：

“杰出的天才一死，连上天都为他惋惜，

因此又派下另一位天才——牛顿”，难道不是吗？
啪
哇—

牛顿的童年并不那么一帆风顺。

牛顿的父亲在他出生前几个月便离世了，

牛顿在单身妈妈和外婆的抚养下长大。

但这并没有维持多久。在牛顿3岁的时候，母亲便和一位年纪较大的牧师结了婚。

母亲去了养父家中，把牛顿留在了外婆家。

因为母亲的再婚，小牛顿心里很难受。

再加上牛顿并不喜欢和同龄小朋友一起玩。

他很享受独自思考的乐趣。

风为什么会吹？
风车是如何运转的？
为什么会产生影子？

同龄小朋友每次看到牛顿这样都会取笑他。
他又在说什么呢？
他只是一个爱胡思乱想的傻瓜。
囧
……

曾经发生过这样的事情。那是一个大风的天气，

牛顿想知道风向和风力对运动会有哪些影响。
N
W
E
S
?

便开始顺着风进行跳远。

砰

哇……哇！

接下来又顶着风进行跳远。
咚

顶着风不如顺着风跳得远。
……

奔跑的方向和风向一致的时候，速度上会有优势啊。

怎么看他都像是疯了似的。
没错！应该叫他村里的傻瓜。

我不是傻瓜！
噜噜噜

等着瞧，总有一天要让你们看看我做的事不是白做的！
呜呜呜

时光飞逝，1661年，牛顿考入了名校剑桥大学。
到！

牛顿刚进入大学便成为奖学金获得者。
不愧是牛顿啊！
哇哦——
真伟大！

等等！结论下早了吧？

那时牛顿得的不是学习奖学金，而是劳动奖学金。
学习奖学金
劳动奖学金

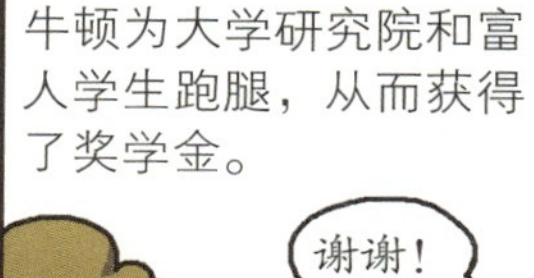
牛顿为大学研究院和富人学生跑腿，从而获得了奖学金。

谢谢！

牛顿并不是因为家里穷才那么做的。
虽然牛顿的妈妈不是非常富有，
但还是有财力雇佣佣人的。

由于牛顿的母亲希望儿子能够回到故乡，从事农活，平凡地生活，所以没有给他提供学费。
英格兰林肯郡
伍尔索普村

她认为如果牛顿很辛苦，便会烦躁，最终会返回家乡。
牛顿
勤劳
先做这个

但是牛顿并没有放弃成为学者的梦想。
呼哧呼哧
努力
妈妈，
对不起！

有人会说，牛顿不懂人情世故，只知道学习。
如你所见，正在努力嘛！
努力

可是，你知道牛顿放贷这事儿吗？
真的吗？
说不通啊！

哈哈哈，你要相信，因为这是明摆着的事实。

牛顿在1663年继承了养父遗留给他的土地，并把土地出租出去，将租赁的费用放贷给剑桥大学的学生。

在他遗留下来的笔记本中留下了证据。
塞巴斯蒂安，1英镑。

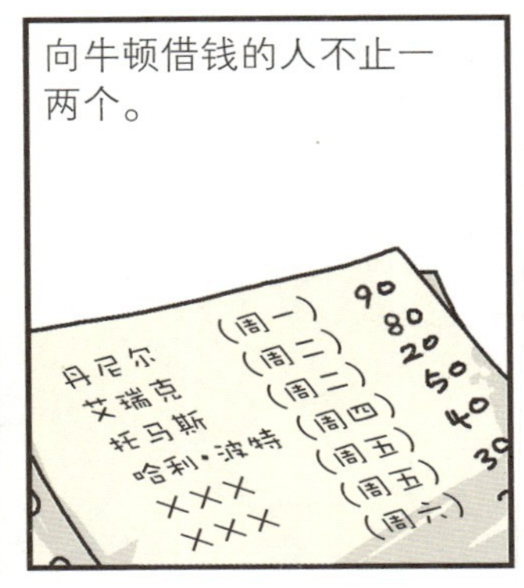
向牛顿借钱的人不止一两个。
丹尼尔 （周一） 90
艾瑞克 （周二） 80
托马斯 （周二） 20
哈利·波特 （周四） 50
××× （周五） 40
××× （周五）
（周六）

牛顿在向别人放贷收款方面做得非常完美。
不可以把太多的钱借给同一个人！
借出去的钱一定要每周五收回一圈！

有了经济上的富余，再加上1664年牛顿又获得了奖学金。
哈哈
终于可以免费吃饭啦！
又得到了奖学金！

这使得牛顿终于可以专心于学习了。
连吃饭的时间都觉得可惜！

牛顿是一个读书狂。

他在读书笔记的整理方面也与别人不同。
书中写着光是白色的？
啪——

他把读书时的疑点，

以及自己的意见系统地记录在书的空白处或笔记本中。
光是白色的？
光为什么是白色的？
为什么不可以是别的颜色？
也可能不是白色？
如果不是呢？
证明
试试吧！

1665年春天，牛顿在剑桥大学毕业了。
之后继续在剑桥大学攻读硕士。
嘤
硕士

但是那年9月，
伦敦爆发了瘟疫。

得了那种瘟疫，身上会起黑色的斑点，所以也被称作“黑死病”。

黑死病是由老鼠而传播的病，在当时是一种无法治愈的可怕传染病。

几乎每天都有许多人死去，
像学校这样人群聚集的地方都关闭了。
Keep out

等等！在科学史中，
有两次奇迹之年的。

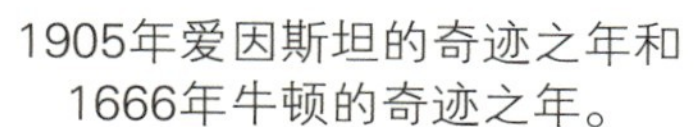
1905年爱因斯坦的奇迹之年和
1666年牛顿的奇迹之年。

1905
1666

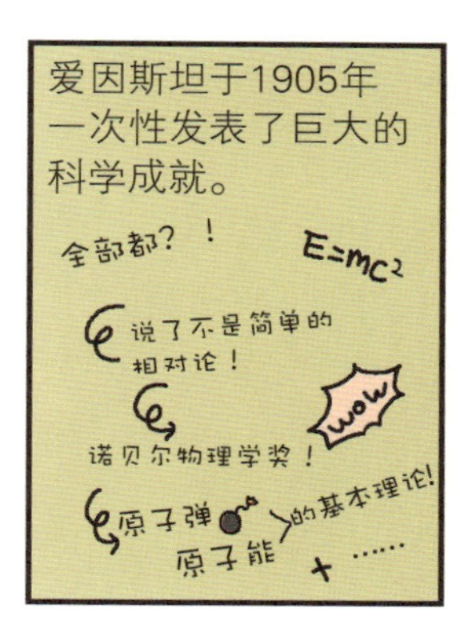
爱因斯坦于1905年一次性发表了巨大的科学成就。
全部都？！
E=mc²
说了不是简单的相对论！
诺贝尔物理学奖！
wow
原子弹
原子能
的基本理论!
+ ……

在牛顿的奇迹之年1666年里，牛顿为了躲避黑死病回到了故乡。

虽然黑死病夺走了许多人的生命，那是一段令人心痛的时光，

但对于牛顿来说，却是一段千金难买的宝贵时光。

回到故乡的牛顿总是陷入沉思。
……

有一天，他正在苹果树下沉思，苹果“啪”地从树上掉了下来。
啪——

突然，牛顿的脑海中闪出了一个想法。
为什么苹果不向旁边或者向上飞，而是向下落呢?

没错！
这是因为地球引力的作用！
引力不是只有地球才有的！看看月球，月球不也是围绕着地球周围滴溜滴溜地旋转嘛。
原来是引力啊！
那是地球的引力作用在月球上，让月球无法逃脱造成的。

牛顿认为，引力不仅存在于地球与月球之间，
到这儿来
哦

也存在于太阳、火星、北极星等宇宙所有的天体间。

由此得出的定律就是著名的万有引力定律。

在故乡的这段时间，牛顿也了解到了微分和积分的思想。
问我什么是微积分？

“微分”是分成小部分的意思，
啪

“积分”则是将它们重新组合到一起的意思。

不知道微分、积分的话，不仅是物理学，连现代数学和工学也没办法学习。
物理学
现代数学
工学
连微积分都不知道！

微积分就是这么重要的一门学问。

要想从理论上严密地证明万有引力定律，就要对地球各个地方的引力（重力）进行研究。

地球的重力不只是在特定的地方才出现。

所以有必要将地球的重力细细分开再重新组合。
啊！

这时所需要的数学就是微积分。
扑棱

为了证明万有引力，牛顿创立了前所未有的微积分学。
为了证明物理理论，竟然想出了新的数学方法，
真令人震惊！
不然怎么说牛顿是天才呢？

关于微积分学的争论毫无结束的迹象。

争论从争吵不知不觉演变成了英国与德国两个国家的荣耀之战。

这样一来，温暖的阳光射入实验室内并通过三棱镜，牛顿不禁发出了感叹。通过三棱镜的光分成了红、橙、黄、绿、青、蓝、紫七种颜色。

在牛顿了解到光的这一特征之前，没有人知道光是由七种颜色组成的。

光的本性不是无色或白色的，而是彩虹色。这一事实是牛顿确认的。

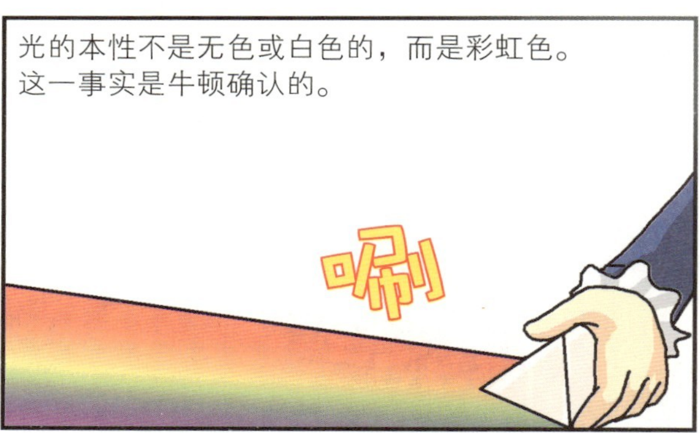

光的这种按照各自的颜色分开的现象称为“色散”。

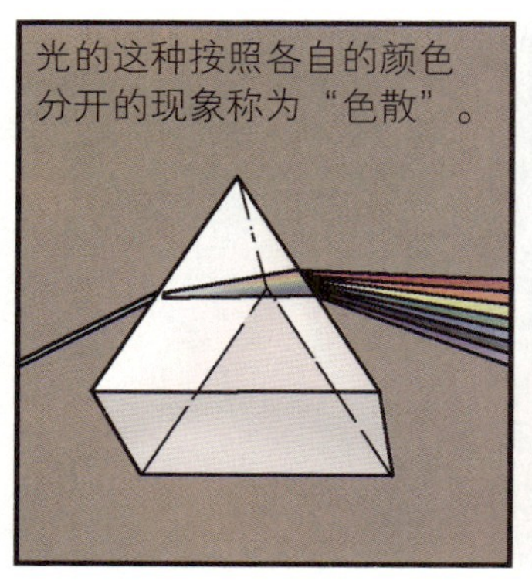

换句话说，首次发现光的色散现象的科学家是牛顿。

不久，黑死病减退了。

牛顿返回了剑桥大学，生活犹如一条平坦的光明大道。
丁零零

1667年，牛顿成了剑桥大学的特别研究员，1669年跟随老师的脚步，被任命为卢卡斯教授。
原来卢卡斯教授的位置只有天才才能坐啊！
后来这个位置上还坐过那位著名的不屈的天才理论物理学家斯蒂芬·霍金！

但是你知道牛顿发明了天文望远镜这件事吗？
是我，我！

什么？你第一次听说？牛顿听到的话，会失望的。
……
瞬间
失望

牛顿是第一个发明天文望远镜的人吗？
……
那倒不是。

第一个发明天文望远镜的人是伽利略。这种望远镜被称为伽利略式望远镜。
我就是第一人！

之后开普勒发明了新的天文望远镜。这种望远镜被称为开普勒式望远镜。
与伽利略的透镜不同！

这两种天文望远镜的弱点是都有色差。
色差又是什么？

即通过透镜的光，存在无法准确地聚集到同一处而被分散的现象。如果存在色差，物像便无法清晰地显示出来。

天文望远镜所使用的透镜无法完全除去色差。
应该用镜子代替透镜！

牛顿发现了这一事实，制造出了装有镜子的天文望远镜。

这种被称为牛顿式望远镜。

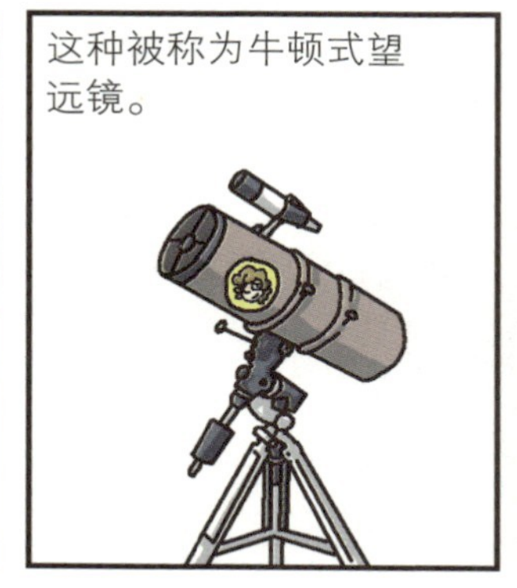

牛顿把自己制造的天文望远镜送到了英国皇家学会。

看到望远镜的皇家学会会员们都赞不绝口，连英国国王查尔斯二世也极力称赞牛顿的反射望远镜。

牛顿就是这样，
做每件事都乘风破浪。

但是，不是有句话叫作“人有旦夕祸福”吗？有风光的时候，就会有落魄的时候。

地位越高，看牛顿不顺眼或嫉妒、指责他的人就越来越多。

例如与莱布尼茨间展开微积分的优先权之争，关于光与颜色理论的争论，

与胡克之间关于各种事件的是非等，都是具有代表性的例子。

这样一来，牛顿渐渐厌烦了与人见面。

再加上牛顿对宗教也极为热衷。

他对宗教的研究比一般的信徒更深。

牛顿热衷于宗教的原因和他沉迷于炼金术的原因一样。
炼金术
宗教

他认为研究神学可以更接近真理之门，最终了解到隐藏在自然界的秘密。

但是牛顿的晚年生活却与科学研究多少有些距离。
科学

因为他在1696年当上了皇家造币局监督，1699年当上了皇家造币局局长。
叮

皇家造币局是英国制造货币的地方。

当时几乎没有纸币，所以只制造铜币。当时社会上出现了许多伪造的铜币。
伪造铜币

伪造铜币的出现，使经济陷入混乱。为了阻止伪造铜币的流通，牛顿采取了许多措施。
这铜币不是假的吗？
我收到的工资，据说是假钱。
用这种铜币什么也买不到。

第一，分辨出伪造铜币。

第二，抓到伪造铜币者，并进行处罚。

第三，研制出难以伪造的铜币。

牛顿于1703年担任了英国皇家学会的会长。

1703年也是和牛顿结有宿怨的胡克去世的一年。

在学术上与牛顿频繁争吵的胡克一死，牛顿便出版了对光的研究结果的著作。

就是一本名为《光学》的书。

唰—
光学
光芒的光
学习的学

与用拉丁语写成的《原理》一书不同，
PHILOSOPHIÆ
NATURALIS
PRINCIPIA
MATHEMATICA
IMPRIMATUR
LONDINI

用英语写成的《光学》一书，一般人读起来都不觉得困难。

继《原理》之后又出版了《光学》，这让黑暗时代里的伪科学消失得无影无踪。
废纸

1705年，英国的安妮女王授予牛顿骑士爵位。牛顿是科学家中第一个获得骑士爵位者。

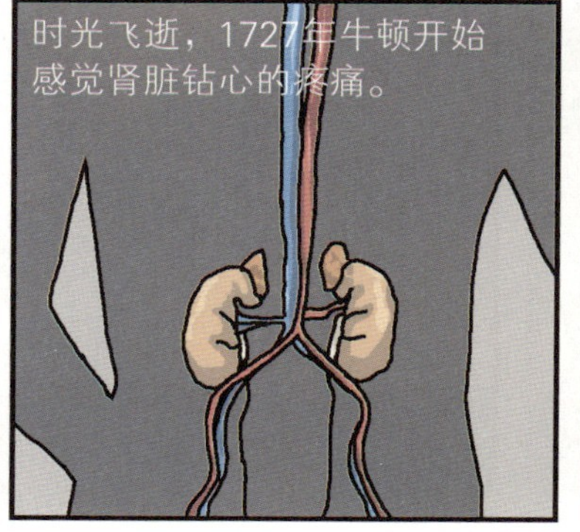
时光飞逝，1727年牛顿开始感觉肾脏钻心的疼痛。

最终，牛顿于1727年3月20日去世。

同年3月27日，牛顿被葬于威斯敏斯特教堂。

牛顿留下的下述遗言像牛顿一样出名。
牛顿之墓

我不知道世人对我是怎样的看法，

但在我看来，我好像是一个在海边玩耍的孩子。

不时为拾到比通常更光滑的石子或美丽的贝壳而欢欣鼓舞，而展现在我面前的是完全未探明的真理之海。

必然般的偶然

天才的接力棒

▲ 威廉·莎士比亚

▲ 伽利略·伽利雷

在科学家以外，如果要选出最伟大的天才的话，会选谁呢？没错！想到莎士比亚了吧，就是那个写出了戏剧《罗密欧与朱丽叶》的英国作家。

在莎士比亚出生那一年，科学家中也有一位伟大的天才诞生了，他就是打开了近代科学之门的伽利略·伽利雷。莎士比亚和伽利略都是1564年出生的人，莎士比亚生于英国，伽利略生于意大利。科学与文学界的杰出人物伽利略和莎士比亚竟然是同一年出生，是偶然，还是命运的安排呢？

天才的体系并没有就此结束。在伽利略去世的1642年，就像接到了天才的接力棒一样，结束古典科学的牛顿诞生了。

人们公认的世界三大科学家爱因斯坦、牛顿、伽利略，如果再加上一位的话，可以考虑麦克斯韦。麦克斯韦是英国的物理学家，他统一了电磁现象，证明了电磁波存在的可能性，同时又证明了光波也是电磁波这一事实。基于麦克斯韦的成果将电磁学和光学统一起来，从而使得电子文明得到了发展，在今天电子文明与无限通信处于同等高度。

▲ 詹姆斯·克拉克·麦克斯韦

原本以为在麦克斯韦赫赫成果的基础上不会再有什么新发现。但是了解后才知道事实并非如此，科学家并不是没有任何发现，而是发现非常多。随之产生了无法用以前的科学解释的许多问题，这让科学家非常惊慌。

这时就出现了另一位非常杰出的人物，为大家解决这些问题。那就是世界三大科学家中的一员，常被称为“天才的代名词”的物理学家爱因斯坦。在这里又出现了奇特的偶然，那就是在麦克斯韦去世的1879年，爱因斯坦诞生了。

将偶然伪装成必然一样持续下去的天才体系，正如天才们所做出的贡献一样，毋庸置疑，是很有趣的事。

▲ 阿尔伯特·爱因斯坦

奇迹是我的

爱因斯坦的奇迹之年

学者们将1905年称为爱因斯坦的奇迹之年，爱因斯坦在这一年发表了四项革命性的理论。那么让我们来看看都是哪些理论。

1. 光量子理论

▲ 通过三棱镜的光

“光的本性是什么？”这一问题一直是困扰物理学界的课题。牛顿认为是粒子，以惠更斯为首的许多物理学家则认为是波。粒子与波的争论一直持续着，直到麦克斯韦从理论上阐明了光像电磁波一样，才结束了关于光的本性的争论。但是1905年爱因斯坦在建立他的光量子理论中认为，光是由叫作光子的粒子组成的，并成功解释了光电效应。凭借这一成果爱因斯坦于1921年获得了诺贝尔物理学奖。

2. 布朗运动

英国植物学家罗伯特·布朗（1773—1858）将花粉滴入水中，并用显微镜进行观察，发现花粉粒子到处自由地运动着。人们把这一现象用发现者的名字命名，称为“布朗运动”。

爱因斯坦了解到，布朗运动是由花粉粒子和水分子相互碰撞产生的。另外，如果分析布朗运动，还可以推测出水分子的大小。

这一理论为统计物理学翻开了新的篇章，得到了很高的评价。爱因斯坦凭借关于这一理论的论文获得了苏黎世大学物理学博士学位。

3. 狭义相对论

这是一说到爱因斯坦马上就可以联想到的、具有里程碑性质的理论。狭义相对论中讲述了如果以近似于光速的速度奔跑，距离便会减小，物质会变重，时间也会变慢。狭义相对论原来的题目是《论运动物体的电动力学》。

4. 质量与能量等价的原理

在爱因斯坦发表这一理论之前，没有任何人提出过关于质量与能量等价的说法。但是爱因斯坦认为质量可以转换为能量。

爱因斯坦的质能方程是原子弹成为现实的理论依据。原子弹在进行核分裂反应时，反应前和反应后产生了略微的质量差。虽然差异非常微小，但如果将它全部转换的话，便会释放出非常巨大的能量。

▲ 原子弹爆炸

第3章 运动的三大定律

在《原理》第一册第一章中，牛顿对物体的运动进行了说明，

他是使用复杂的几何学来说明的。

所谓几何学，是一门从数学上研究点、线、面、体的学问。

在进入第一册第一章之前，牛顿用“运动定律”这一名称来介绍三大定律。

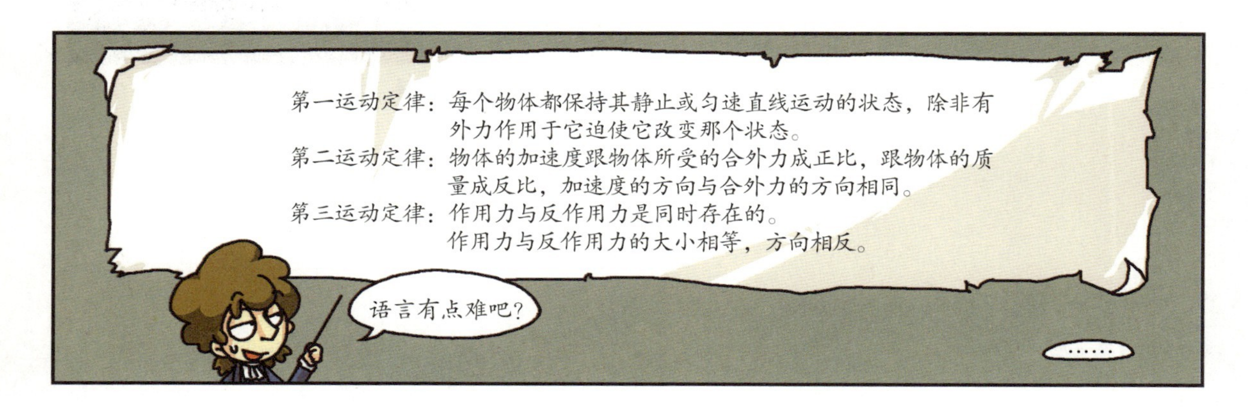

但是不要担心！我会在这里详细地说明的。

现在人们通常把第一、第二、第三运动定律统称为牛顿的三大定律。
按顺序来说，也可以称为惯性定律、
加速度定律、
作用力与反作用力定律。

牛顿通过三大定律说明了自然界中运动的原理。
但是我不是第一个分析运动现象的科学家。
……
牛顿
我来过。
我也来过了。

在牛顿之前有伽利略，在伽利略之前还有亚里士多德。

古希腊的大学者亚里士多德曾有这样的豪言壮语。
物体只有受力才能维持运动！

这就是说，如果不受力就无法维持运动。
哈！
呼呼

猛听起来似乎很有道理吧？

例如，在运动场用脚踢足球。
咚

足球咕噜噜滚动着，渐渐便会停止，那是因为滚动的力消失了。

那么如果要让足球继续滚动的话，该怎么做呢？
？

球沿着斜坡快速下滑后与平面接触。

那么如果减小摩擦会怎样呢？
按

球会滚得更远了。
100
0
摩擦系数
射门！

当然，如果再减小摩擦的话，球会滚出更远的。
100
0
摩擦系数
跑到哪里去了？
因为摩擦小才这样的。
……
咕噜噜

就像打过蜡后闪闪发光的地板要比粗糙的地板摩擦更小，因此更容易滑倒一样，这是同一个道理。
蜡

摩擦越小，球运动的距离则越远。
摩擦系数低的球
因为更容易滑。
唰啦啦

那么，如果没有摩擦又会怎样呢？
100
0
摩擦系数
如果是零的话……

球便会永无止境地滚动前进。
即使不继续施力，球也不会停止。
一直以为只有在施加力的时候物体才会运动！
唰——

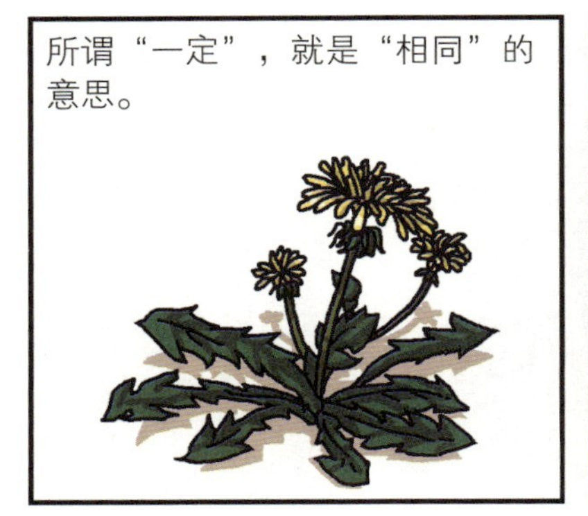

运动的物体总是想要维持相同的状态不变，开始的速度、中间的速度、最后的速度一直保持不变。

速度

时间

将结论①和结论②合起来的话，
就会成为这样。

惯性定律有一个常见的例子。

那就是行驶中或静止的公交车上的乘客。

公交车出发前，乘客一直是保持静止的，乘客有保持静止状态的倾向。

但是如果公交车突然出发会怎么样呢？

公交车突然停车的情况也一样。

公交车停止前，乘客是随着汽车在动。

所以他们具有保持运动状态的惯性。

这时如果公交车突然停止呢？

物体一旦进入了运动状态，
便很难摆脱。
放手！
我要一直动！
物体

这是因为它具有固执地保持
原来状态不变的性质。
这是不想顺应新的
运动状态，想要抵
抗的性质。

因此，“物体抵抗新运动
的性质”可以看作是惯性
的另一种表现。
嗖嗖嗖

从这一侧面可以说明公交
车突然出发和突然停止时
的情况。
公交车

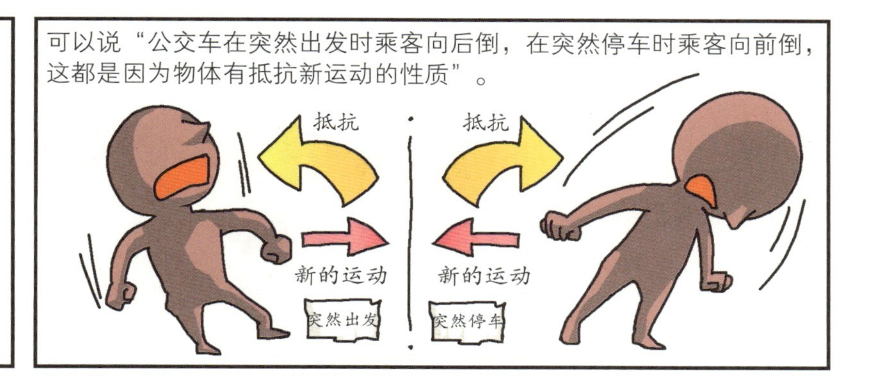
可以说“公交车在突然出发时乘客向后倒，在突然停车时乘客向前倒，
这都是因为物体有抵抗新运动的性质”。
抵抗
新的运动
突然出发
抵抗
新的运动
突然停车

惯性就是物体抵抗新运动的
性质。
啪

抵抗的力量与物体的质量有密切
关系。
抵抗

如果物质的量多，抵抗的
程度就会很大。
怒视

不仅如此，还会变重。

如果变重，便很难使其运动。

相反，如果质量少的话，
反抗的程度就会变弱。

不仅如此，还会变轻。
吃惊

如果变轻了，就会很容易让它
移动起来。

这里出现了“物质的量”
的概念。
物质的量

因为每个人对“轻、重”的标准
都不同。
这个很重。
不是的，这个很轻！

所以便有了“质量”这一
概念。
质量是5千克啊。

质量大的话，抵抗的程度就会加强，
因为抵抗的程度被称为惯性，
抵抗
惯性
质量
GD
YB

所以如果质量大，惯性就强；
如果质量小，惯性就弱。
这意味着物体的质量与惯性成正比。
完全不必觉得太难！

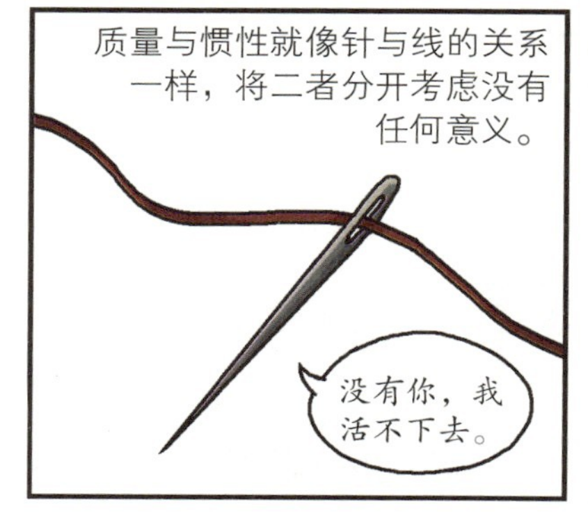
质量与惯性就像针与线的关系
一样，将二者分开考虑没有
任何意义。
没有你，我活不下去。

因为质量是计算惯性大小的尺度。
反过来可以说，惯性的大小，
惯性
质量
可以反映质量的多少。

牛顿第一运动定律在不受外力作用运动时成立。
匀速运动的物体，便想要继续保持匀速运动；静止的物体，便想要继续保持静止。

但是运动不是只有匀速这一种。
嗖嗖嗖嗖

相反，与速度一定的运动相比，速度变化的运动更多。

我们在生活中所遇到的大部分运动都不是匀速运动。
你试过用相同的速度跑步吗？
你试过用相同的速度刷牙吗？
抓苍蝇的时候，试过用相同的速度抓吗？
当然没有过了。

再继续观察：地铁在出发时、

飞机起飞时、

猫捉老鼠时，
喵

通常都是变速的。
哎哟，累死了。

像这样速度变化的运动叫作“加速运动”。
加
加法的加
加速运动

完美的好身材，应该是胸、腹、腰、胳膊、腿都非常协调。

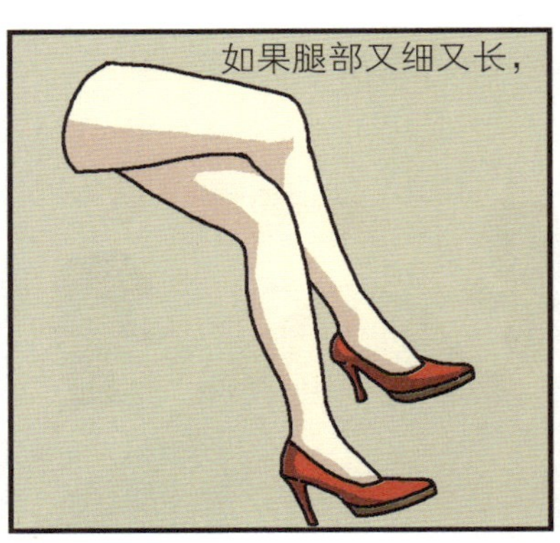
如果腿部又细又长，

但是肚子向外凸出，

或是胳膊像树一样粗的话，很难说是好身材。
只有曲线美啊……
哪里不对劲呢？

运动定律也是一样的。
运动定律

如果是完美的运动定律，不仅是匀速运动，而且连速度变化的运动，即加速运动也能说明才行。

因此，牛顿跨过了匀速运动，努力想要找出一个连加速运动也可以说明的定律。

于是便产生了牛顿第二运动定律。
哈哈哈！

牛顿在发现第二运动定律的过程中，研究了力与加速度间的关系。
都知道，使劲推车的话，车就会走得更快吧？
像这样，力使速度产生了变化。

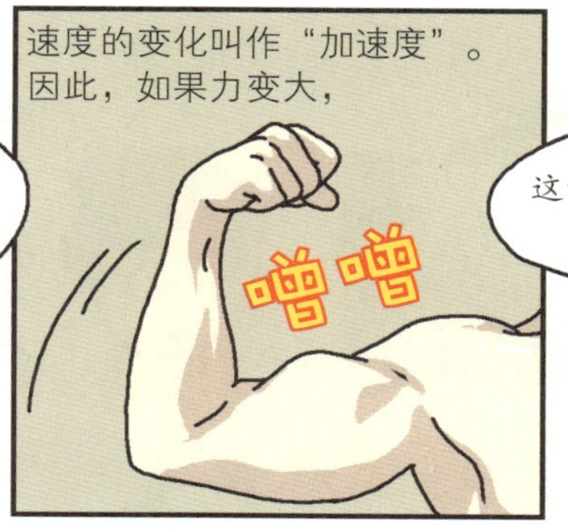
速度的变化叫作“加速度”。因此，如果力变大，
噌噌

加速度也会变大。
这意味着力与加速度成正比。
力
加速度

可以说这是向着牛顿第二运动定律前进的第一步。
向着牛顿第二运动定律前进的第一步：力与加速度成正比。

这次，假设有一辆轻的车子和一辆重的车子。

如果用相同的力去推，哪辆车子会立刻变快呢？
出发！

没错！是轻的车子。这意味着轻的车子更容易加速。
嗨哟—
嗒嗒嗒

换句话说，质量越小，越容易加速。
这意味着质量与加速度成反比。
质量
加速度
用图表来比较试试。

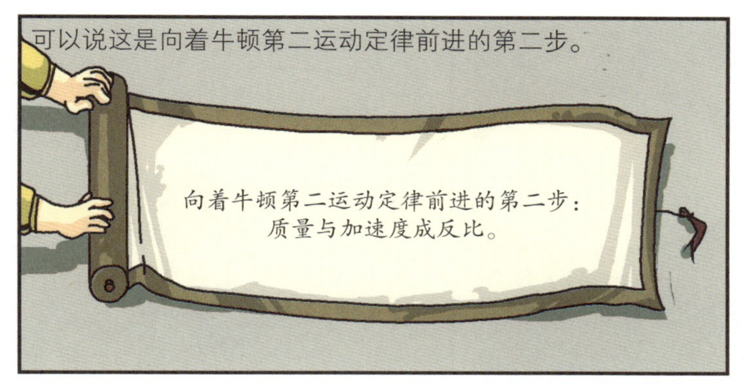
可以说这是向着牛顿第二运动定律前进的第二步。
向着牛顿第二运动定律前进的第二步：质量与加速度成反比。

现在，将第一步和第二步合起来的话，就是这样的。

哇啊啊啊！
加速度与力成正比，
与质量成反比。
呀

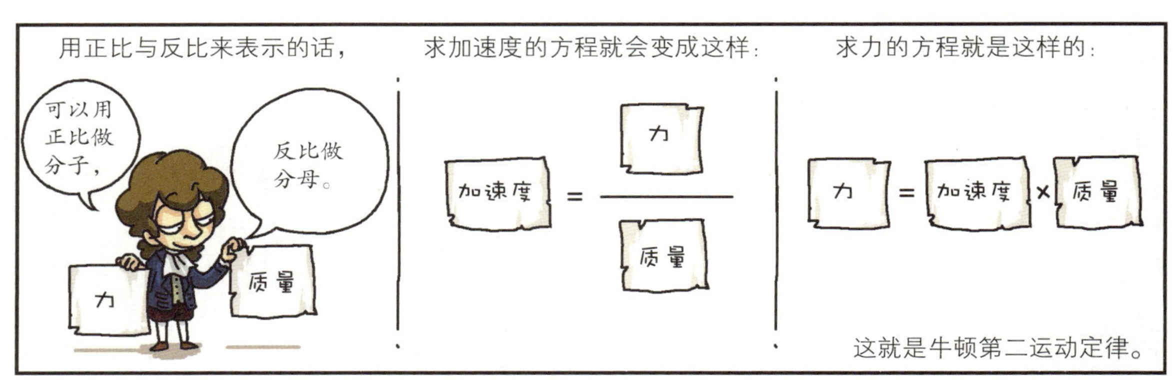
用正比与反比来表示的话，
可以用正比做分子，
反比做分母。
力
质量
求加速度的方程就会变成这样：
加速度 = 力 / 质量
求力的方程就是这样的：
力 = 加速度 × 质量
这就是牛顿第二运动定律。

可以说体现牛顿第二运动定律的这个方程是推测物体运动的重要方程。
力=加速度×质量
by牛顿

用它可以明确地解释我们周围几乎所有的运动现象。
你刚刚在想“这个要用在什么地方”吧？
嘁！

不仅是小汽车奔跑或静止时的运动，
连人造卫星围绕地球运转的运动，
宇宙飞船奔向月球的运动，都可以轻松解释。

最后就是牛顿第三运动定律。
这是一个解释力与力的关系的法则。

假设承炫与大成这两位同学穿上太空服，去了宇宙空间。

承炫推了大成一把，
啪—

虽然大成被推了，但承炫也会向后退，和大成后退的距离一样。
咚
咚
咚
这样产生的力中，一个称为作用力，另一个称为反作用力。

想要严格地区分出作用力和反作用力，其实是没有意义的。
若定义一侧为作用力的话，另一侧就是反作用力。

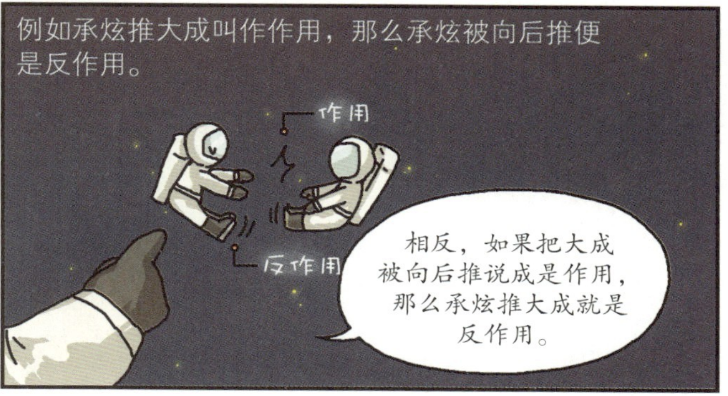
例如承炫推大成叫作作用，那么承炫被向后推便是反作用。
作用
反作用
相反，如果把大成被向后推说成是作用，那么承炫推大成就是反作用。

在作用与反作用之间，追究谁是原因、谁是结果并不重要。
重要的是两者互相交换力，同时产生结果。
这就是第三运动定律——作用与反作用定律。

没错!就是“指向中心的力”的意思。

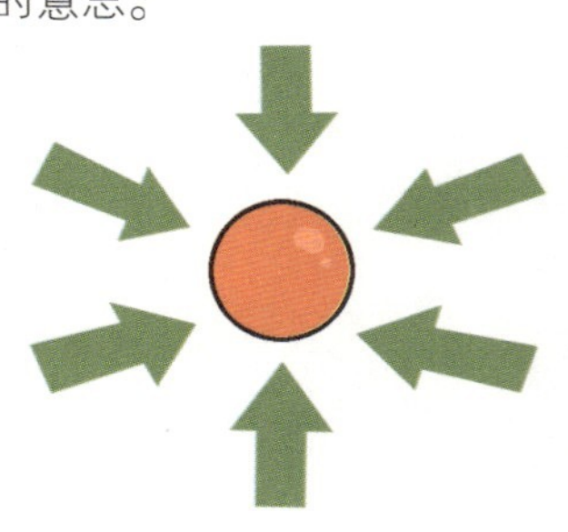

说到中心，你会想到什么图形呢？
正三角形！
正方形。
正五边形。
圆形！
都说对了！
GD

说是正三角形也可以，说是正方形也对，
说是正五边形，或是五边形、六边形，
都没有问题。

难道只有这些吗？
?
?
很难用图形来说明，
无论是高低不等、
圆扁不一的仙人掌，
还是树枝，都
有“中心”。

当然人也是有“中心”的。
尤其是
重量的中心。
人的重量的中心在
肚脐附近。
那么从手指、脚趾、发梢、背脊、臀
部到肚脐周围的重量中心之间的距离
都一样吗？
当然不一样了，而且是非常
不同。
不仅是三角形、
四边形、五边形，
连边的长度相同的正三角形、
正方形、正五边形
到中心的距离也不一样。
从顶点、边、面到中心的
距离都不一样。
边
面
顶点

但是圆却不是那样的。

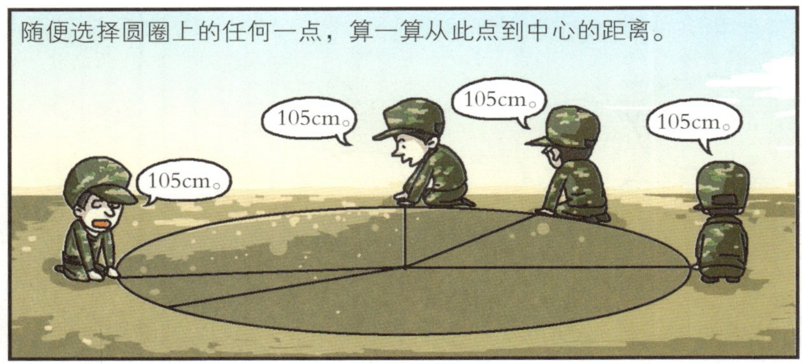
随便选择圆圈上的任何一点，算一算从此点到中心的距离。
105cm。
105cm。
105cm。
105cm。

怎么样?
全都一样!
唰

所以古希腊的学者认为，圆是最完美的图形。
真帅呀。
啊啊，真美啊。

其中具有代表性的学者，
我是毕达哥拉斯。

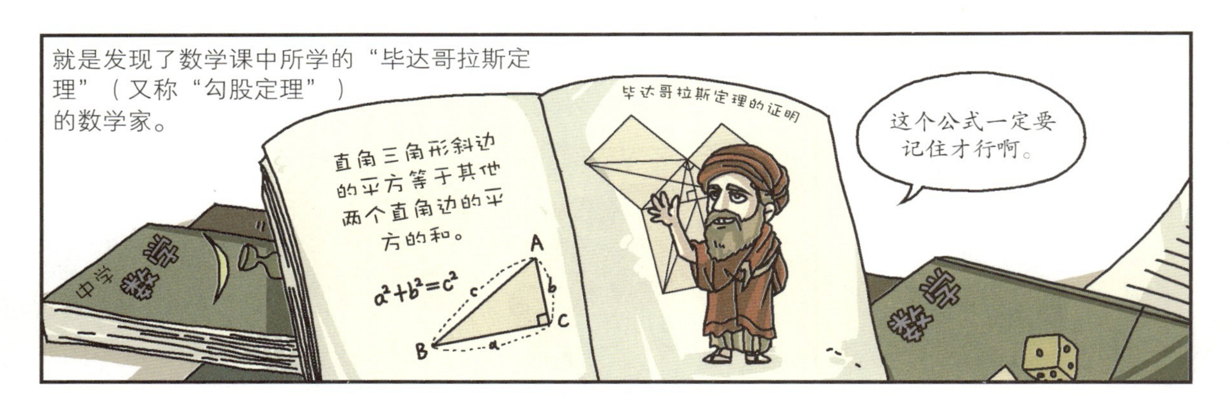
就是发现了数学课中所学的“毕达哥拉斯定理”（又称“勾股定理”）的数学家。
毕达哥拉斯定理的证明
直角三角形斜边的平方等于其他两个直角边的平方的和。
$a^2+b^2=c^2$
A
B
C
a
b
c
这个公式一定要记住才行啊。
中学
数学
数学

古希腊的学者这样确信，
天体是圆形的。
天体运行的轨道也是圆形的。

是因为他们把圆形看作是最完美的图形。
圆
百分百满分!
10
10
10
10
10
10

指向中心的力——向心力，就是物体在做圆周运动的同时产生的力。
月球一个月围绕地球转一周，它的轨道与圆形非常相似。
意思就是月球与地球间产生了向心力的作用。
还有，地球一年围绕太阳公转一周的轨道也与圆形相似。这就是地球与太阳之间存在向心力作用的证据。

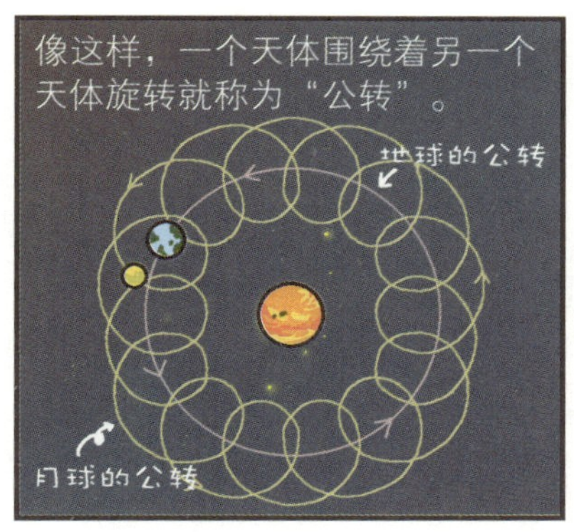
像这样，一个天体围绕着另一个天体旋转就称为“公转”。
地球的公转
月球的公转

公转的天体沿着与圆形相似的路线旋转，宇宙中所有的天体都是沿着圆形轨道旋转的。
因此毫无例外地受到向心力的作用。
这就是存在向心力的理由。

如果正确地理解了向心力，就能很好地说明宇宙中存在的天体是如何运行的。

一句话，向心力是挖掘神秘宇宙的魔法力量。
啪

这样说来，即使不说出第一个发现向心力的人是谁，你也能猜得到吧？
哄闹
哄闹
哄闹

没错，就是牛顿。
哈哈哈。
人气太旺没办法啊！

牛顿在《原理》一书中是这样定义向心力的。
使物体受到一个指向中心的作用力称为向心力。
重力便是具有向心力特征的一种力。

重力是什么样的力呢？
确切地知道吗？
重
力

没错，就是地球拉拽的力。

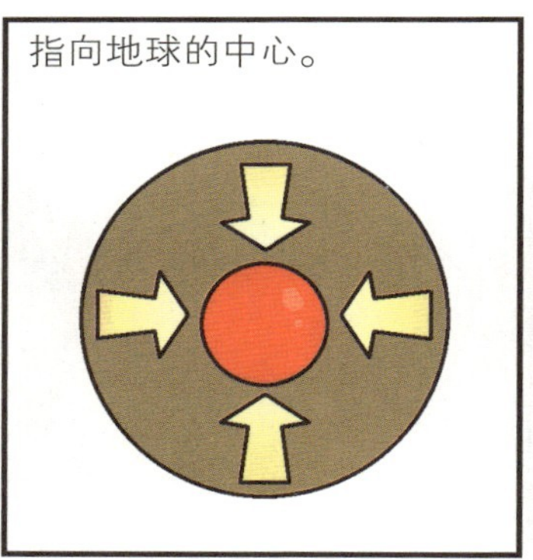
指向地球的中心。

换句话说，指向地球中心的力，就是重力。

因为指向中心的力被称作向心力，所以重力也是向心力喽。

牛顿在《原理》一书中利用投石机更详细地说明了向心力。
虽然这也是投石机，但我却要用这个投石机来进行说明。

首先，在投石机上放块石子。

然后甩动投石机，
会怎么样呢？

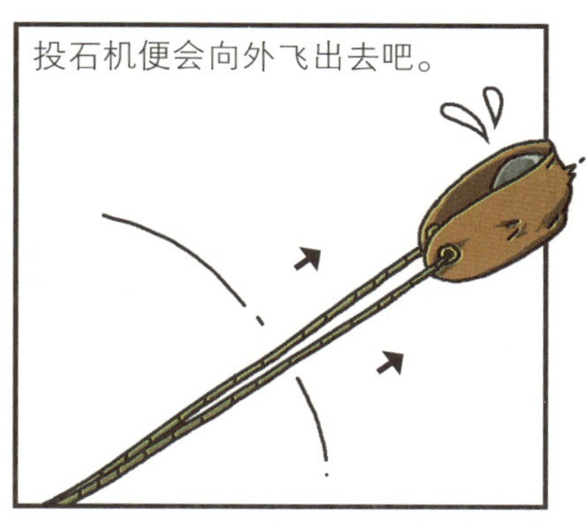
投石机便会向外飞出去吧。

甩动投石机的速度越快，投石机向外飞出去的倾向就越强。
嗖嗖
加速！

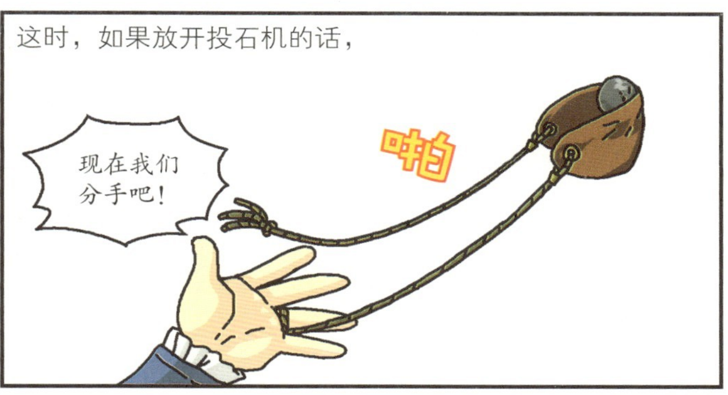
这时，如果放开投石机的话，
现在我们分手吧！
啪

石子像是等待已久的样子，脱离投石机，“嗖”地飞出去。
嗖

当然，在变成自由之身、飞向远方之前，石子一直在投石机内老实地待着。
……
想要从我身边离开会很困难哦。

你认为是什么原因呢？

是因为有某种力量阻止石子脱离投石机。
放开行吗？
力
不行。
所谓“阻止”就是某种力量紧紧地抓住了石子的意思。

想要阻止石子飞向外边，

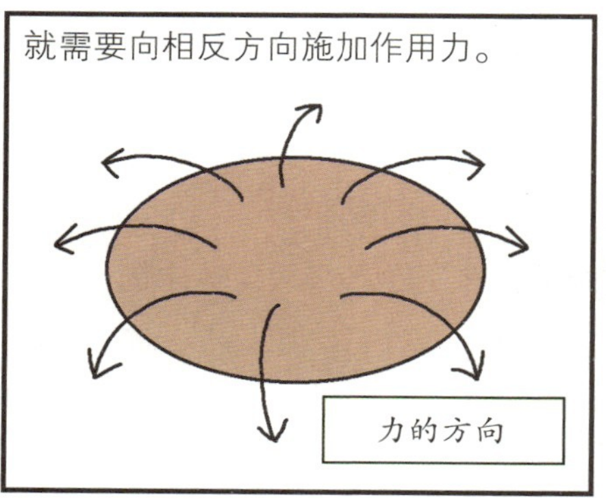
就需要向相反方向施加作用力。
力的方向

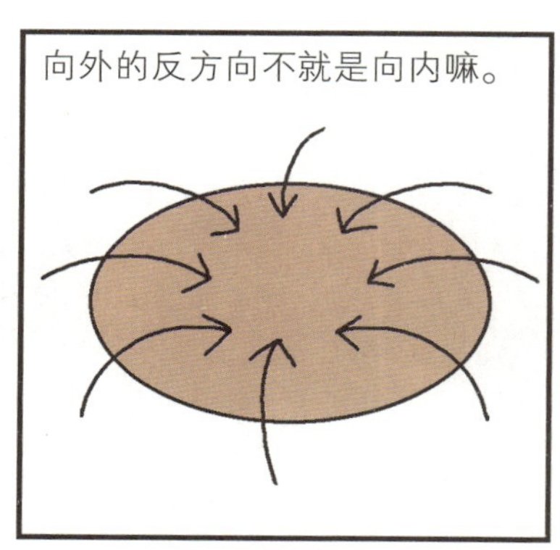
向外的反方向不就是向内嘛。

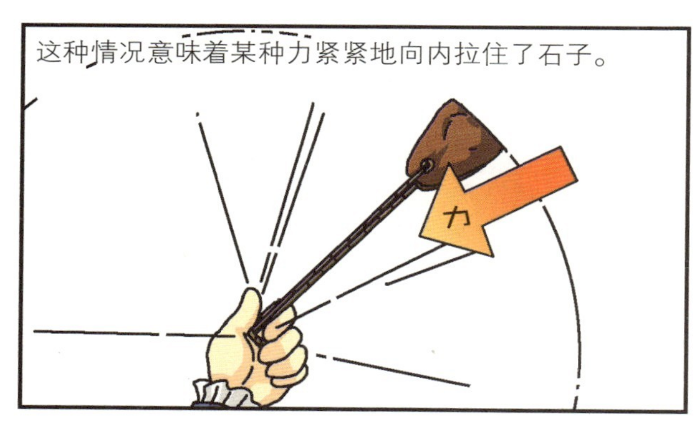
这种情况意味着某种力紧紧地向内拉住了石子。
力

向内部作用的力叫作什么来着？

没错！让投石机和石子嗖嗖转动的力不是别的，正是向心力。
呼——
向心力

还有什么疑问吗？
什么？
…

嗯？没什么疑问？
……
很好，仔细地想想看。

在投石机和石子上用力，向心力便会向内侧拉拽。
换句话说，就是向心力将投石机和石子向内部拉拽。
力

如果将投石机向内侧拉拽的话会发生什么样的事情呢？
问题太简单了吧？
力

没错，投石机和石子都会向内侧移动。
那么实际上投石机和石子是那样的吗？
力

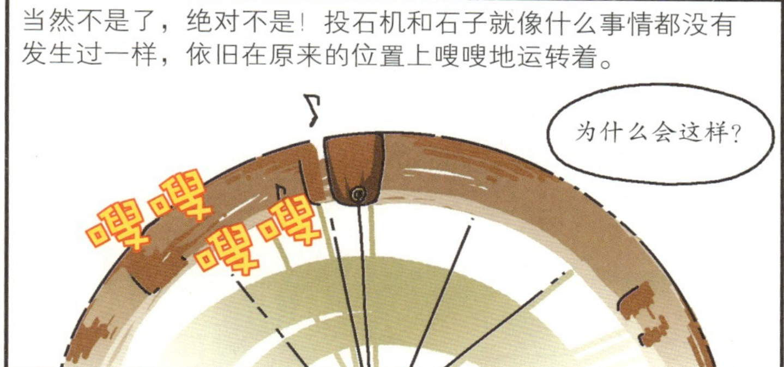
当然不是了，绝对不是！投石机和石子就像什么事情都没有发生过一样，依旧在原来的位置上嗖嗖地运转着。
为什么会这样？
嗖嗖
嗖嗖

拉拽的话，当然会被拽过来的，因为这是自然规律。
嘿哟

但是不那样的话，又意味着什么呢？
嗯？
势均力敌

这意味着又有其他的力来阻止它们向内侧运行。
NO

不是向心力，而是某种新的力。

由于有这种力，投石机和石子才没有被拉拽到内侧。
向心力

这分明是与向心力不同的另一种力。
什么……你？！
向心力

而且是与向心力旗鼓相当，向着相反的方向产生的。
?
向心力
是向着外侧的力。
我们把这个力称为“离心力”。

离心力也不是个简单的词。
离心力
离是“使之远离”的意思，
心是“中间”“中心”的意思，
力是“力量”的意思。

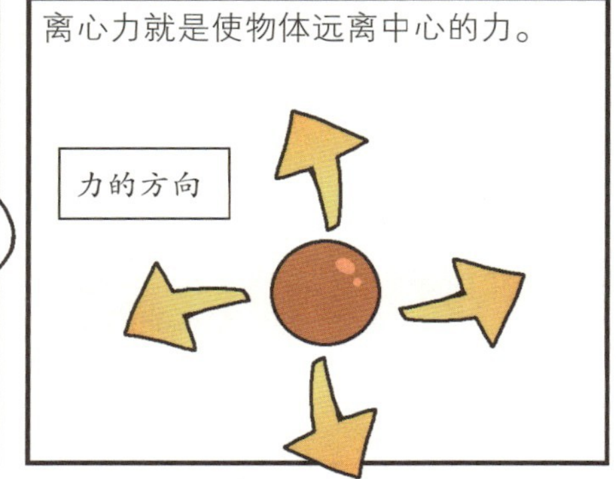
离心力就是使物体远离中心的力。
力的方向

离心力也像向心力一样是在做圆周运动时产生的。

不仅如此，离心力和向心力间的关系非常好。
向心力
离心力
看来是非常亲近的吧？

如果有向心力，一定会有相反的离心力。
啊哈哈哈
向心力
离心力

那么，第一个定义出离心力的人是谁呢？
这不是易如反掌嘛。
无所事事

怎么会问这么简单的问题啊？
是想回答“是我”吗？
?

有什么办法呢。虽然很疑惑，但却不是牛顿。
对不起，不是我。
真的吗？

深入研究离心力的人是荷兰物理学家惠更斯。
就是我。

早在牛顿深入研究向心力的几年前，惠更斯就已经对离心力进行了系统研究。
将它命名为离心力的人也是我。

惠更斯这个名字有些陌生吧？
没听说过呢……
你知道吗？

虽然不像爱因斯坦和伽利略一样被众人所熟知，但他绝对不是普通的物理学家。

惠更斯的发现中被人们所熟知的就是土星环。
最早发现土星周围有圆形环的人就是惠更斯！
没错！

除此之外，惠更斯在物体的运动和光的传播，还有天体的形成等多个研究领域都拥有杰出的成果。
我也有不少……
啪啪
啪啪
是的，我知道。
概率论
光论
论摆钟
土星系统
惠更斯原理

重新回到向心力上来。牛顿阐述了向心力是什么样的力，向心力是何时产生的。
而且，他为了使向心力适用于宇宙天体，展开了有趣的想象。

发射炮弹的话会怎么样?

会像箭一样飞出去，
最后掉下来。
砰——

我们把这种曲线叫作抛物线。

抛物线也是牛顿第一个发现的吗?
不是，是伽利略发现的。
原来如此。

地球上发射的炮弹为什么会做抛物线运动，最后掉下来呢?

是因为重力向下拉拽的原因吧。
叮咚!

虽然炮弹想向着发射的方向直线前进，
直球!

却由于受到重力的作用，一点点向下降，画出了抛物线。
在这里，重力成了使炮弹下落的向心力。

如果用较大的力发射炮弹，它会飞得较远，最后落下来。
如果用非常大的力发射炮弹，它会飞得更远，最后落下来。

最近石油价格很高，并飞速上涨。

那么，能不能让围绕地球转一周的炮弹无须担心能量，持续地旋转呢？
就没有一个无限聚能环吗？

地球上存在最多的东西是什么？
嗯……鸟。
不会吧。

不对，是空气。
没错，当然是空气啦！

空气阻碍着物体的运动。
抵抗

运动员为了减小空气的阻力付出了许多努力。
短跑运动员穿着贴身的运动服，
自行车运动员穿着紧身的衣服，甚至还戴着流线型头盔。
“流线型”就是像鱼头一样的形状，大家都知道吧？

这种形状可以减小空气的阻力。
F1竞赛的时候使用的赛车也是流线型的。
88
HASO

炮弹的设计也采用了相同的原理。如果观察炮弹的前端，会毫无例外地发现都是流线型的。

炮弹无法围绕地球转一圈的原因也在于此。
因为地表附近的空气阻碍炮弹的运动。

因此，反向思考的话，如果没有空气的阻碍，炮弹就会一直围绕着地球旋转。
空气
阻碍

没有空气阻力的地方？
啪
那种地方在哪里？

那就是宇宙空间。
回答正确！

在宇宙空间内，炮弹只要围绕地球旋转一周，接下来便会不停地继续旋转。

那么，如果把炮弹制造得更重的话会怎么样呢？比如：数百千克以上的重量。
非常大的重量啊！

即使是那样的重量，在宇宙空间内也不必担心。

只要发射成功，由于没有空气的阻力，无论多重，它都会持续围绕地球旋转。
没有空气阻力，似乎活过来啦！

这样的话，可以联想到些什么？

重量在数百公斤以上、围绕地球旋转的物体是什么呢？
没错。

没错，但是还要了解一个事实。

虽然牛顿提出了人造卫星的设想，但是他并不认为人造卫星实际上是可以实现的。

要想让重量在数百千克以上的炮弹围绕地球旋转一周的话，不仅需要相当多的能量，还需要以非常快的速度来发射才行。

牛顿认为达到那个速度是不可能的。

在他看来，以当时的技术水平，想要达到那样的速度是不可能的。

牛顿在《原理》中用数学的方式对向心力
做出了非常详细的计算。

可以说给出了向心力的数学定义，严谨而完美。
向心力的定义
牛顿
向心力

牛顿之所以这样专注于向心力，
是为了将月球、行星等天体的运动
套到自己的运动理论上来。
换句话说，他想将月球、行星等宇宙
天体的运动过程
更完美地进行说明。

到这里，著名的“万有引力”便登场了。我们将在下一章中
仔细研究，快跟我来吧。
嗖—

第5章 万有引力

在牛顿所著的《原理》中，记录了许多内容。
原理号

包括我们前面所讲述的运动定律和向心力，还有后面要讲述的开普勒定律，等等。
彗星运动
向心力
运动定律
开普勒定律
潮汐

但是不管怎么说，《原理》从第一册到第三册的核心内容都是万有引力。
万有引力

“万有引力”是宇宙中所有物体都适用的力。
难道从它的名字不能感觉到它的重要性吗？
点头
点头

发现了这样意义深远的万有引力，如果说牛顿是为了向大家证明万有引力可以适用于各种自然现象才写了这本《原理》的话，一点也不过分。

为了引出万有引力，牛顿积极地利用了向心力的作用。
向心力
过来一下。

牛顿确信向心力与距离有着密切的关系。
距离越远，向心力的作用越弱。
向心力
距离

这一点大家都可以推理出来吧。

因为向心力也是力，力随着距离的增加而减弱，这是常识。
向心力
没错！例如棒球在近处接球，手会感到疼痛，
在远处接球的话，手就不是很疼。
这是一个非常好的例子啊。

牛顿的想法在此基础上更上了一层。
嘿嘿

他向大家具体地展示了向心力是如何随着距离的增加而减弱的。
说了如何变化的吗？

牛顿主张向心力“与距离的平方成反比”。
与距离的平方成反比？
#$$%★@~?
不明白。

向心力与距离的平方成反比是这个意思：
如果距离增加2倍，那么向心力就是原来的1/4，
如果距离增加3倍，那么向心力就是原来的1/9，
如果距离增加4倍，那么向心力就是原来的1/16，
如果距离增加5倍，那么向心力就是原来的1/25，
就是这个意思。
向心力
1/4
1/9
距离 1
2
3
4
5

自然界所发生的现象中，力与距离的平方成反比的情况有很多。
自然现象中？

将水枪装满水发射试试。
砰砰！
哎呀——

随着水的喷出，水柱的力量渐渐变弱，
……

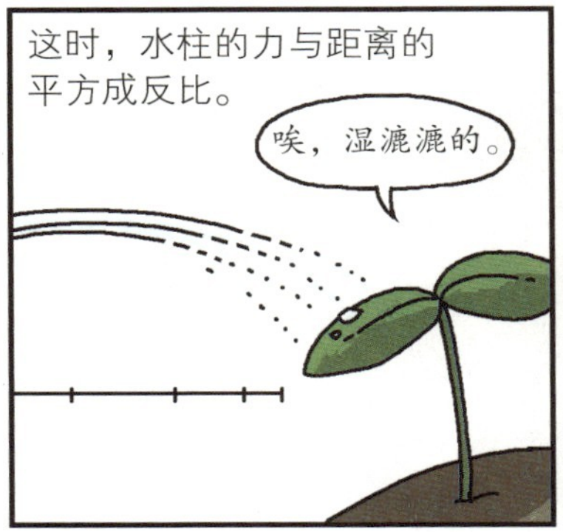
这时，水柱的力与距离的平方成反比。
唉，湿漉漉的。

手电筒发出的光也一样。
棒极了！

在黢黑的地方打开手电筒的话，越是从远处看，光线越弱。光的强度也是与距离的平方成反比。

蟋蟀的叫声也是如此。
吱吱

距离越远，听到的声音就越小。声音也与距离的平方成反比。
吱！

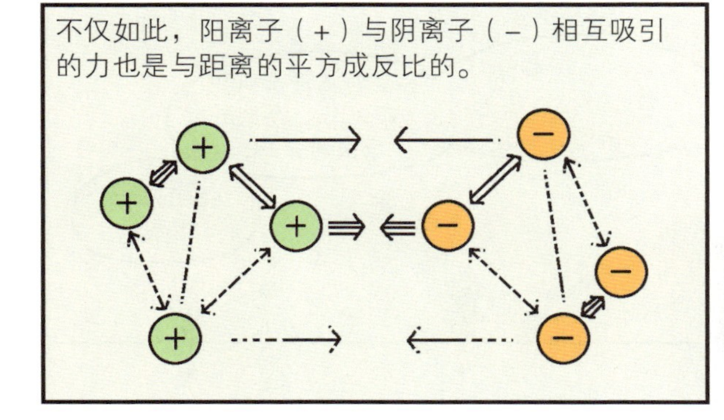
不仅如此，阳离子（+）与阴离子（-）相互吸引的力也是与距离的平方成反比的。

众所周知，大家都很尊敬牛顿这位伟大的物理学家。
因为他是不亚于爱因斯坦的天才。
没错，没错。

将向心力挖掘出来，这样清晰明了地呈现给世人，这一贡献明显地展示出了牛顿的天才性。

但是，仅凭这点贡献很难将他称为仅次于爱因斯坦的天才。
怎么？

因为在科学的历史中，有许多做出类似贡献的科学家。
哈哈哈

其实，牛顿真正的伟大在于他将苹果与月球联系到了一起。他看到了苹果与月球因为受到相同的力而运动。

唉，怎么可能嘛。
是的，这怎么让人相信啊。

说了这是可能的，如果你不信，说说理由。
说不说得出理由都没用。

那远在大气层外、闪闪发光的月亮，

和扎根地底的苹果树上结出的苹果，
受到相同的力，谁会相信呢？

看到了吧，很难相信。嗯，当然难了。
嗯……

但是牛顿却发现了。
牛顿！请看看这边。
牛顿！
咔嚓

正因为牛顿发现了别人想不到的东西，所以我们才认为牛顿是伟大的。
原理

并把他称为仅次于爱因斯坦的天才，作为历史长河中杰出的科学家被人们永远铭记在心里。
因为人们不愿相信自然界中隐藏的真相。
知道了，快点给我们解释吧。
……

好的。我证明给你们看，为什么我的想法是正确的。

牛顿与苹果的轶事大家都知道吧？

不就是牛顿正坐在苹果树下思考，看到掉落到地上的苹果，从而想到了引力的故事嘛。
知道得很多嘛。

苹果掉到地上是因为地球的引力将苹果拉下来。
引力

牛顿并没有忽略这一简单的现象。
原来是引力啊！

反而提出了一个别人想不到的疑问。

拉拽苹果的地球引力是不是同样也拉着月球呢?

当时做出这样的推测必须非常小心。
哐哐

因为稍有不慎就会引起很大的非议。为什么?
哼哼

古希腊学者亚里士多德将物体的运动分为两类。
物体的运动分为天空中的运动,
和地面上的运动两类。

并且,亚里士多德这样说过:
天空中的运动和地面上的运动,
存在着本质的区别。

除了这两种运动外,没有其他的运动类型。
天空
地面

在当时亚里士多德的理论具有绝对的权威,与之不同的主张就会遭到唾弃。
……

如果天空和地面的运动相同,

就没有必要将运动分为两类了。
天空
地面

亚里士多德主张的天空和地面的运动是这样的。

天空是高贵的神所生活的地方，因此那里的运动不仅神圣，还会一直持续下去。

相反，如果想不持续，就一定要在某一瞬间、某一处中断才行。
咔嚓

线段作为直线的一部分，是一定会有起点和终点的，而且起点与终点是不同的。
这一列车在00站出发，到达11站停止。

如果起点与终点不同的话，还会继续下去吗？
不会的，没法继续下去的。

没错，无法继续下去，就是说在某一处一定会中断的。

那么按照有起点和终点的线段做的运动是什么运动呢？
知道了！是直线运动！
所以亚里士多德主张地面所进行的运动
应该是直线运动。

在牛顿对苹果和月亮进行想象之前，亚里士多德的主张一直是不争的事实。
拥有金钱和权力的人都同意亚里士多德的主张。

并分别将地面上的运动用地上的法则，天空中的运动用天空的法则来区分。但是……
地上的法则
天空的法则

牛顿决定推翻它！
呼啦
法则

这一行为搞不好就会因不敬之罪而受到严重的责罚。

就像伽利略，他宣传了地球自转的想法，晚年时被宗教法庭判为异端，

并遭受了多种迫害，造成了心灵上的痛苦。

牛顿不同意亚里士多德的观点，他认为物体的运动没必要分成天与地的运动。

他认为使苹果落地的地球引力对月球也有影响。

这时，牛顿又发表了一次革命性的演讲。

是什么呢，就是月球的下落。

?

你是说月球的下落?!

点头
点头
竟然说月球不是旋转，而是下落。
什么啊……

地球的引力作用在苹果上的结果如何？
苹果掉下来了。
没错。

那么，如果地球的引力作用在月球上，会出现什么样的结果呢？
和苹果一样，月亮也会掉下来的吧。

就是这个。

牛顿的结论就是：月亮会掉下来。
砰

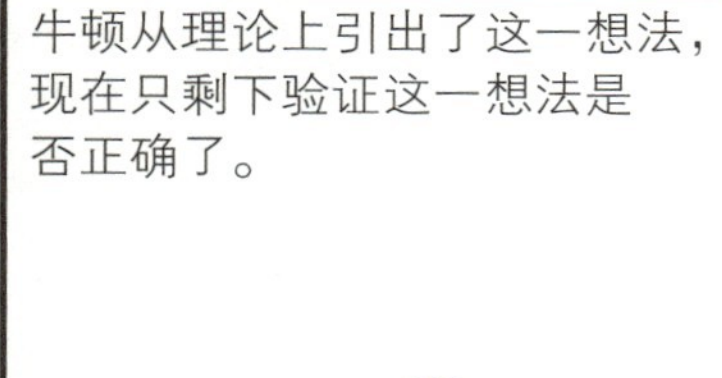

牛顿从理论上引出了这一想法，现在只剩下验证这一想法是否正确了。

那么要怎样验证呢？

向心力随着距离是如何变化的来着？
与距离的平方成反比，随着距离的增加而变弱。
向心力

我说过作用在苹果和月球上的力叫作引力吧。
是！
变了……
啪
引力

地球的引力聚集在地球的中心。
这一点可以用数学来证明。

用数学来证明？
哎哟，头疼啊！

牛顿在《原理》一书中详细地记载了这一证明的过程。
我们来仔细看看。

从地球中心到月球的距离是到苹果树距离的60倍左右。

60的“平方反比”是多少呢？

呃？
突然问起来的话……
$\frac{1}{60\times60}$。

没错！
60×60是3600，
也就是$\frac{1}{3600}$。
$\frac{1}{3600}$

换句话说，作用在月球上的地球引力只是作用在苹果上的地球引力的1/3600而已。
1天时
就是$\frac{1}{3600}$。

现在来确认一下作用在月球上的地球引力大小是否如此。

大家在牛顿的想法是否真实这件事上产生了分歧。

真的是……
可以确认的吗？
当然了！

如果说地球引力使苹果落地，那么苹果在1秒钟内的位移是4.9米。
啪

这个并不难求得。
下落的位移=4.9米/秒^2×时间^2
就是这个。

因为时间是1秒，1秒的平方仍然是1秒。
因为是1×1。
1²=1

所以下落的距离是，
4.9米/秒² × 1秒² = 4.9米
就是这个。

那么只要知道了月球是否也一样下落了4.9米不就可以了？
不是那样的。

为什么？
听好了，用微弱的力拉会降落得更厉害，
还是用很强的力拉降落得更厉害？
很强的力。
不错嘛。
?
啪

因为月球比苹果的距离更远，所以地球的引力会很弱，
下落的距离也会更短。
原来如此啊。
引力

月球下落的距离与地球作用在月球上的引力的大小有关。
come on !

作用在月球上的地球引力是作用在苹果上的引力的1/3600。
月球下落的距离是4.9米的 1/3600 。
计算的话是多少呢？

牛顿收集了大量有关月球运动的观测资料。

无论是最新资料，还是古老的资料，按照可以计算出的方式计算，最终得到了确认。

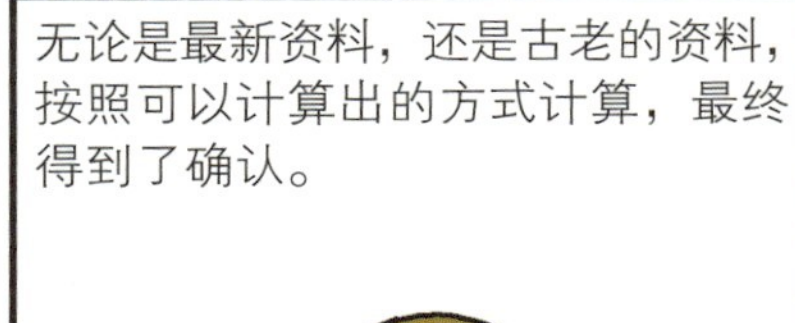

万有引力是作用在两个物体间的力，
受到质量与距离的影响。
……
万有引力

越重、距离越近，
力越大，
万有引力
0.5t
1t

越轻、距离越远，
力越小。
万有引力

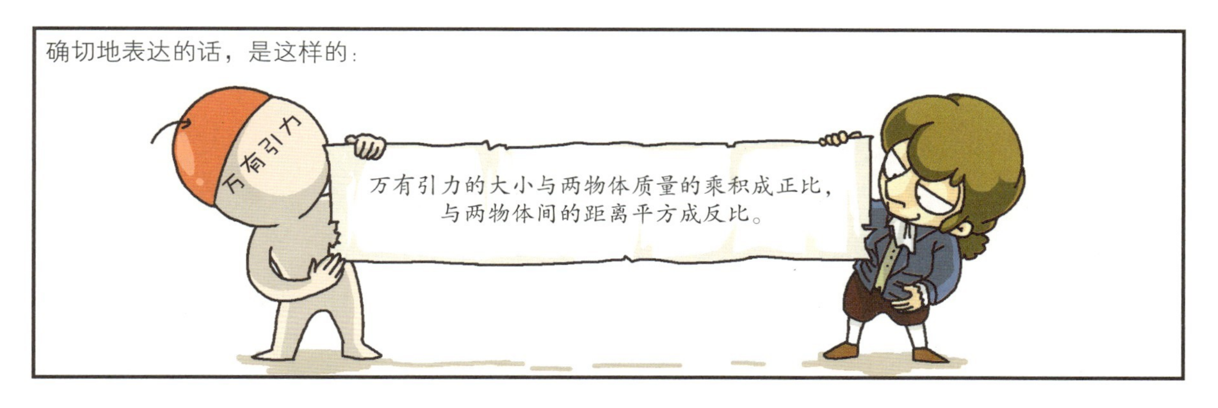
确切地表达的话，是这样的：
万有引力
万有引力的大小与两物体质量的乘积成正比，
与两物体间的距离平方成反比。

如果地球与月球间的距离与现在不同，
或是地球或月球的质量与现在不同的话，
哇啊

地球与月球间的万有引力
当然也会与现在不同。
万有引力

如果距离更近，万有引力
则会更大，
万有引力

如果距离更远，万有引力
则会更小。

另外，如果地球与月球的质量都比现在
更大的话，万有引力则会更大，

两者质量都小的话，
万有引力则会更小。

万有引力不是一方单独作用的力。
是互相作用的相等的力。
哗啦啦

万有引力存在于地球上所有物体和地球之间。
BB

不仅如此，它还存在于宇宙所有物体之间。

不仅是地球与苹果，

地球与围绕地球旋转的人造卫星，地球与月球，

地球与太阳，太阳与火星，土星与木星，天王星与海王星，

北极星与北斗七星，星系与星系，

星星与黑洞之间都存在。

像这样，万有引力是宇宙中存在的所有物体普遍适用的定律。

由于它在宇宙中普遍适用这一性质，

所以被称作“万有（宇宙中所有物体都具有的）引力定律”。
万有引力
一万的万 有无的有 牵引的引 力量的力
universal gravitation

牛顿的万有引力并不局限于地球的重力，还扩展到宇宙的各个地方。
万有引力
万有引力
万有引力
将地面的法则应用到宇宙，这是人类获得的第一个有价值的礼物。

提出了如此优秀的万有引力定律，
万有引力

现在该潇洒地运用了吧？

第6章 关于开普勒定律
万有引力

虽然提出了定律，但如果不能正确地用来解释说明自然现象，
……
?

就不能说它是有用的定律。
刺
啦

这一点，万有引力也不例外。
万有引力

“适用于宇宙中存在的所有物体的定律”，用这么宏伟的名称，只有正确地解释自然界中所有可能的现象，
万有引力

才可以说万有引力定律是真正的宇宙普遍存在的定律。
万有引力

第一步就是验证“开普勒定律”。
探头
开普勒定律

是说用牛顿提出的“万有引力定律”，
来证明“开普勒定律”吗？
就是。

但是，“开普勒定律”又是什么呢？
“开普勒定律”是描述天体运动的定律。
开普勒定律

说到天体，是什么样的天体呢？

开普勒生活的时代，规定天体的范围与现在有所不同。
记得我吗？
Hi，开普勒。

现在所说的天体指的是宇宙中所有的天体。
不仅是太阳，
连在宇宙那边运动着的小星星，也都称为天体。

但是，在开普勒生活的年代，说到天体，只限定在太阳系所包含的天体。

当时天文望远镜并不多见，
整个地区就我一个。

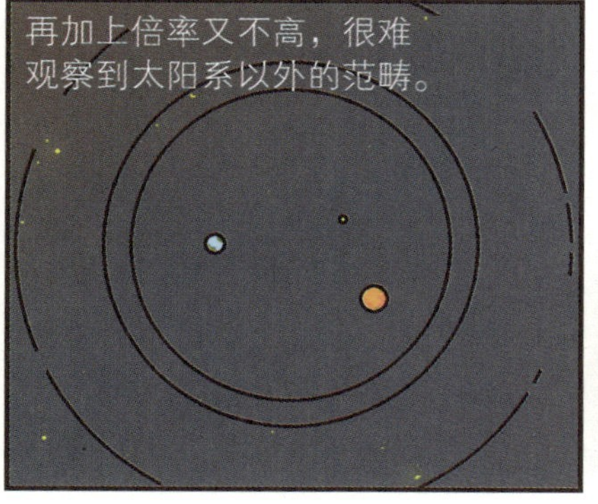
再加上倍率又不高，很难观察到太阳系以外的范畴。

那么，这里所说的天体，
指的是太阳、地球、月球、火星、木星等天体吧？
没错。

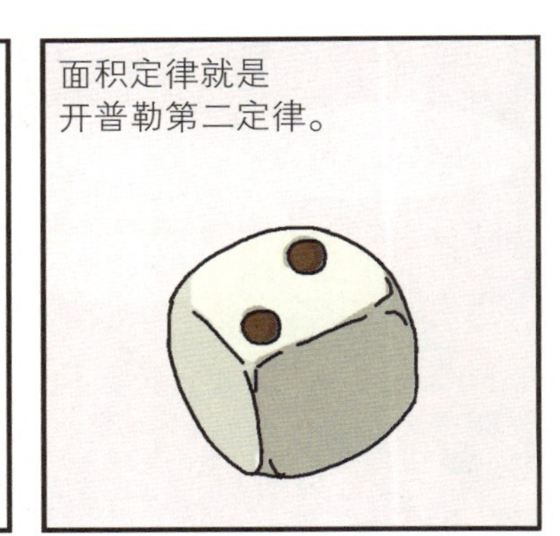

指的是行星围绕太阳公转周期的平方与轨道的长半径的立方成正比。

$P^2 = a^3$

新的王位继承人却不理会
第谷。

开普勒作为弟子兼助手，对第谷的研究有很大帮助。

今天一起奔跑吧。

但是第谷与开普勒的研究方向完全相反，因此总会有些争议。

第谷喜欢用眼睛亲自观测天空中发生的天文现象。

开普勒却持反对意见。虽然也有视力不好的缘故，

但更重要的是，开普勒非常喜欢数学，与观测相比，更喜欢坐在桌前从理论上分析研究。

在收开普勒为弟子的第二年，第谷去世了。

被称为观测天才的第谷在临终时嘱咐开普勒说：

开普勒在得到老师数十年间观测得来的精密天文资料后，下定了决心。

开普勒为了实现老师的遗言，开始埋头于研究中。

他倾注的热情不亚于老师第谷，他不断分析、研究天文资料。

就这样，开普勒发现了一个非常重要的事实。

围绕太阳公转的行星的公转速度并不一样。

开普勒陷入了沉思中。
为什么会这样呢？

因为当时开普勒也坚定不移地认为天体运行的轨道是圆形的。
这就是说他深信亚里士多德的主张，
认为天空中的运动应该是圆形的吗？
没错！
good

难道他完全没有怀疑吗？

开普勒生活在牛顿出生前，与伽利略相近的时期。
当时还处于亚里士多德的主张被广泛认可的时代。
最理想的运动是，
圆周运动！

所以开普勒认为行星的运行轨道当然是圆形的，并深信不疑。

如果说行星按照圆形轨道运行的话，当然应该按照一定的速度公转。
因为圆的半径是相同的。

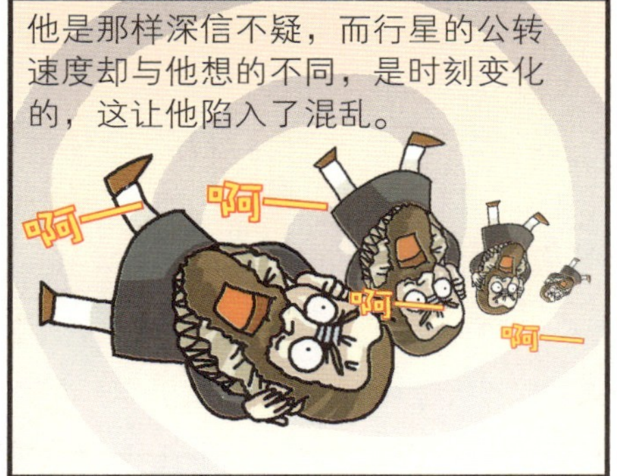
他是那样深信不疑，而行星的公转速度却与他想的不同，是时刻变化的，这让他陷入了混乱。
啊—
啊—
啊—
啊—

到底是什么原因呢？
扑通
起来

开普勒陷入了沉思中。
……

他更仔细地研究并画出了行星的轨道。

进而发现了两点事实。

一点是“行星的公转速度在某处会变快，而在某处又会变慢”。

行星的公转速度变快的地方是接近太阳处。
呼呼呼

行星的公转速度变慢的地方是远离太阳处。
悠闲

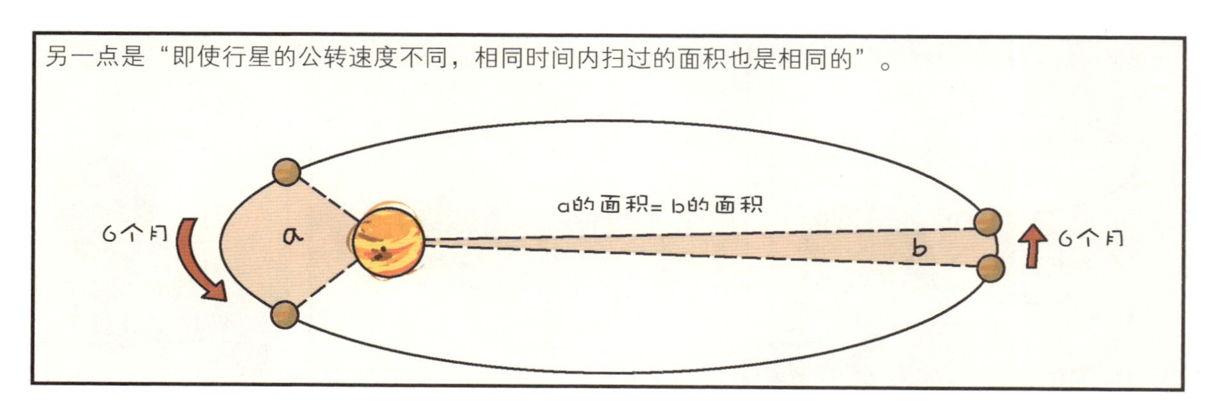
另一点是“即使行星的公转速度不同，相同时间内扫过的面积也是相同的”。
a的面积= b的面积
6个月
a
b
6个月

发现了面积定律。
没错。

“开普勒第二定律”就这样诞生了。
啪
第二定律

但是，为什么放着第一定律不说，却从第二定律开始说明呢？

那是因为开普勒最先发现的定律，
不是第一定律，而是第二定律。
第二定律

那么，第二定律算是偶然的发现喽？
No!
No！绝对不可以把开普勒先发现
第二定律看作是偶然的。

开普勒的这些资料
不可能是偶然的。
第二定律的发现可以看作是因为开普勒自始至终都不想放弃圆周运动这一主张，
当然最后还是放弃了那个想法。
放弃吧……

为什么？
好好想想，如果行星的运行轨道是圆形的话，
那么太阳与行星间的距离就该一样吧。

但是开普勒研究的结果是什么？
与那个完全不同。

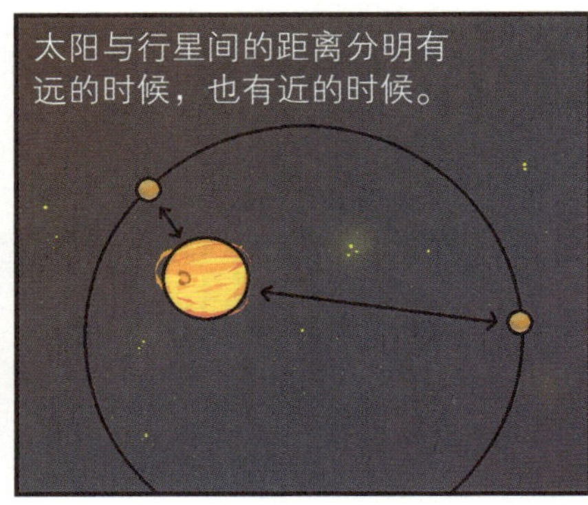
太阳与行星间的距离分明有远的时候，也有近的时候。

这意味着什么呢？

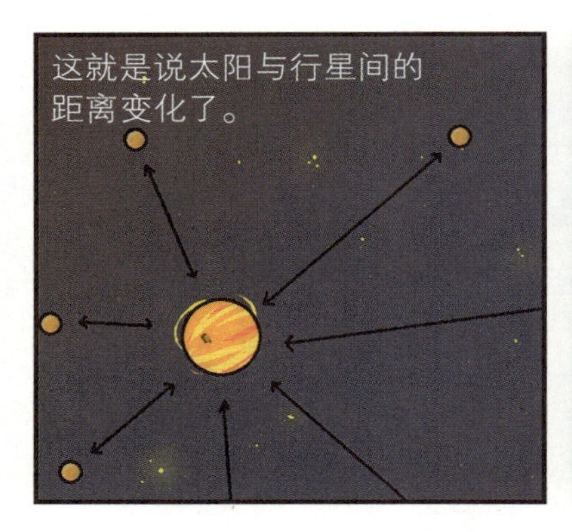
这就是说太阳与行星间的距离变化了。

太阳与行星间的距离有变化的话，绝对画不出圆形来。

最后证明了什么？
行星的公转轨道并不是圆形的！

这样一来，开普勒只能放弃了行星运行轨道是圆形的想法。
Goodbye 圆！
呼啦
圆
呼啦

这就引出了：
开普勒第一定律

“行星的运行轨道是椭圆形的。”这一定律被称为“开普勒第一定律”。

椭圆是指圆的两侧略微鼓起来的形状。
咚咚

按压圆形的气球，它的两侧会鼓起来吧？这种形状就是椭圆形。
是说被压瘪的圆吗？

简单来说，可以想象成橄榄球形状。

开普勒是按照第二定律→第一定律→第三定律的顺序发现的天体运行定律。
第二定律
第一定律
第三定律

开普勒制定第三定律时，更注重调和。
调和
调整的调
和睦的和
互相协调

他确认了太阳系行星的公转周期和行星轨道的长半径之间，
公转周期？
长半径？
BB
G
D
Jin
guk

一定是调和的。
调和
调和
泡菜

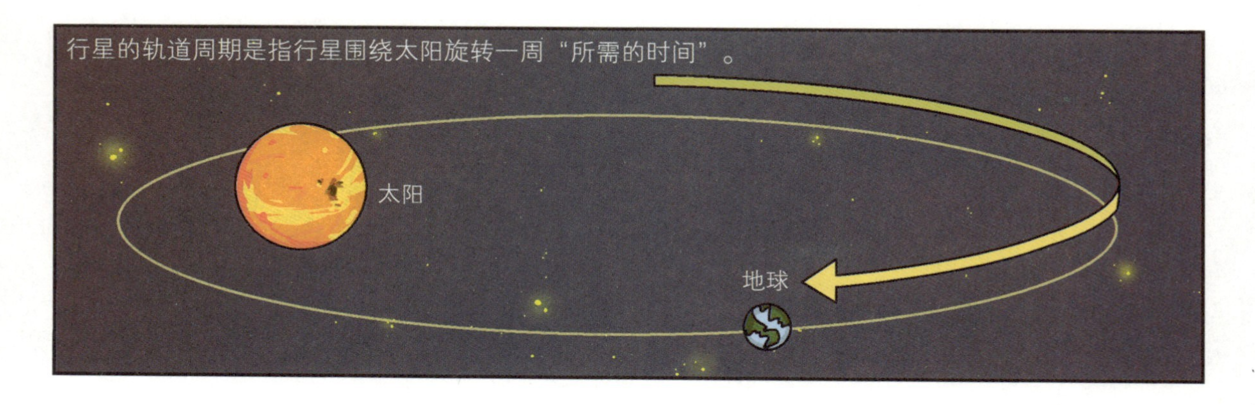
行星的轨道周期是指行星围绕太阳旋转一周“所需的时间”。
太阳
地球

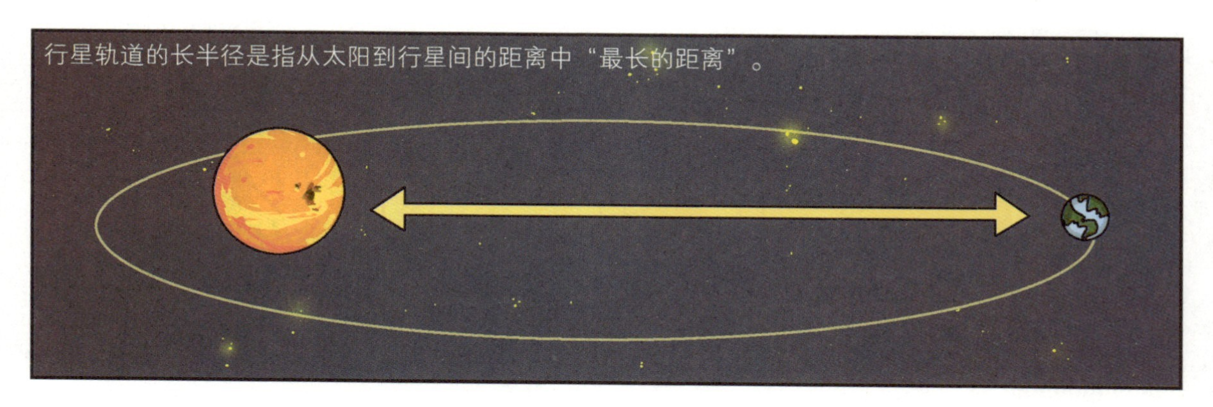
行星轨道的长半径是指从太阳到行星间的距离中“最长的距离”。

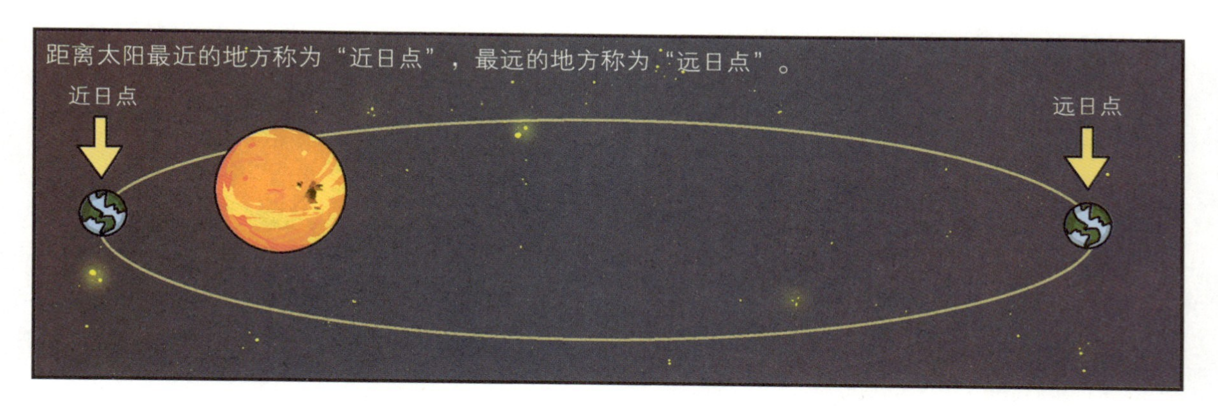
距离太阳最近的地方称为“近日点”，最远的地方称为“远日点”。
近日点
远日点

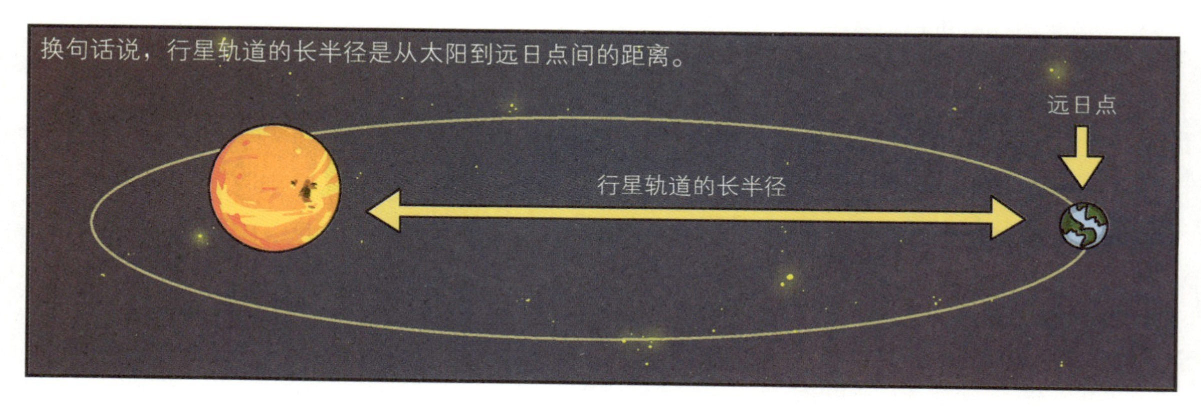
换句话说，行星轨道的长半径是从太阳到远日点间的距离。
远日点
行星轨道的长半径

为了找到这一调和性，开普勒周密地计算了太阳系行星的公转周期和公转轨道的长半径。

当然，并不是因为结果为1才说调和的。重要的是将各自不同的行星运行的结果统一为一个。

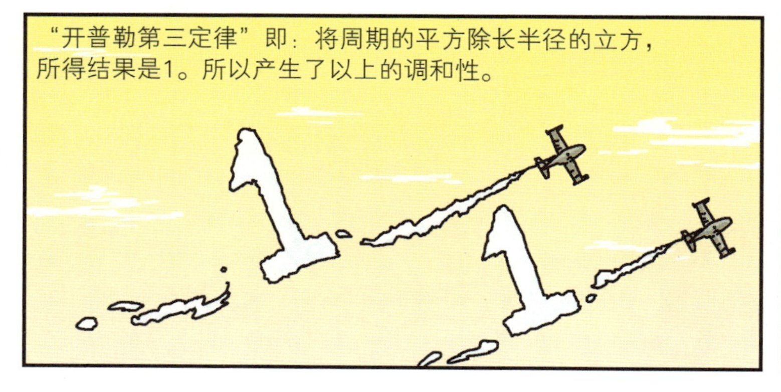

另外，牛顿分别用数学方法清晰地证明了每一个定律。

假设做椭圆运动的物体受到向心力的作用。
现在试着求出向心力的大小。

又毫无预兆地提出困难的问题！

牛顿这样写着，并在下面用数学方法清晰地计算出了向心力的大小。

将它搬到这里的话就好了……
!!
惊讶
!!
不需要！

因为这是连数学专业的人都很难理解的内容，非常头疼，还是算了！
吁

以后上大学时再看吧，哈哈哈！
……

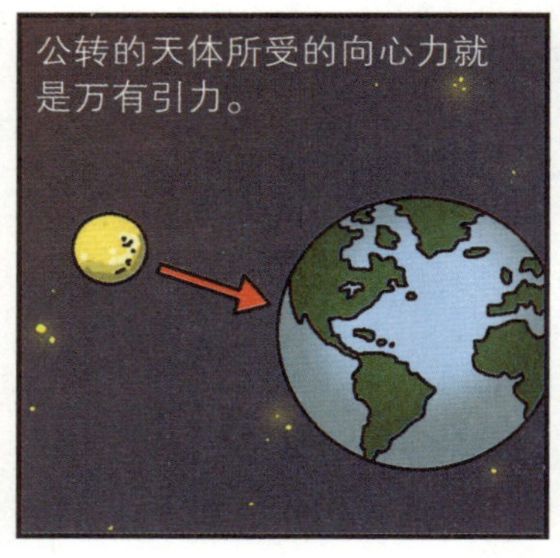
公转的天体所受的向心力就是万有引力。

定律11说的就是受万有引力作用的天体沿着椭圆轨道公转。
宇宙所有的天体都受万有引力的作用吧。

这就意味着万有引力定律可以证明开普勒第一定律。
万有引力

这次我们来看看定律68和它所附带的辅助定律吧？

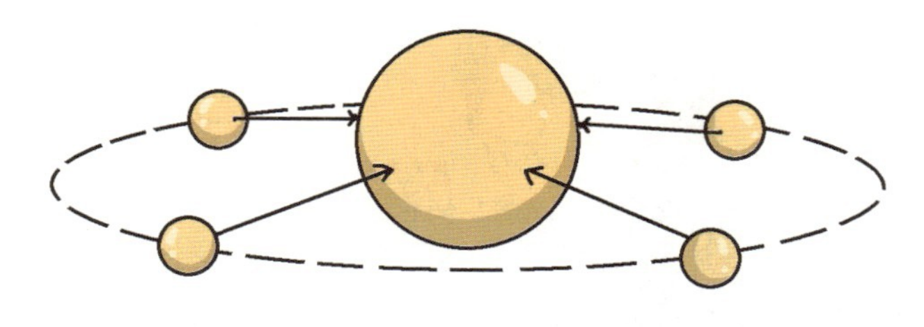
“许多小物体围绕大物体旋转的话，它们的轨道近似于椭圆。另外，它们所扫过的面积与时间成正比，拉动物体的力与距离的平方成反比。”

牛顿这样写着，下面依然附带了详细的说明。
太难了……
砰

那个说明在这里也跳过去。
啪

这里把太阳系的行星当作许多小物体，太阳作为大物体，万有引力表示与距离的平方成反比的力。
万有引力
因此定律68和它所附带的辅助定律可以说成是太阳系的行星受万有引力的作用，
它们在相同时间内公转所扫过的面积相同。

这就意味着万有引力定律可以证明开普勒第二定律。
万有引力

牛顿对开普勒第三定律的证明可以参照《原理》第一册的定律15。

定律15是简单明了的。
15

在相同条件下，椭圆运动的周期的平方与长半径的立方成正比。

牛顿在随后写出了定律15作为说明的依据。
定律15

这个在此也省略。
干净利落很不错吧?

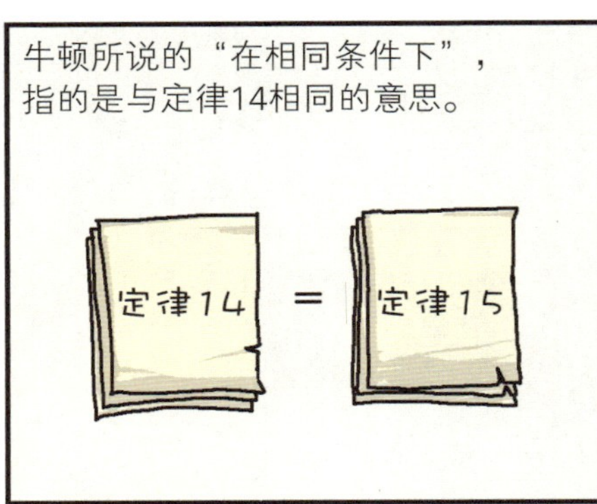
牛顿所说的“在相同条件下”，指的是与定律14相同的意思。
定律14
=
定律15

定律14讲述了距离的平方与向心力大小成反比的现象。
向心力

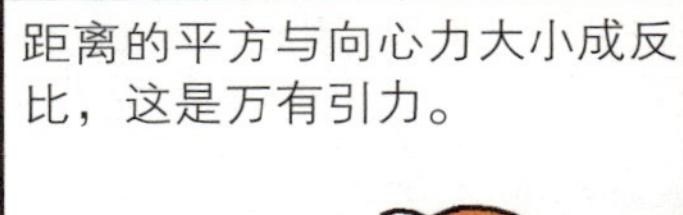
距离的平方与向心力大小成反比，这是万有引力。

向心力
=
万有引力

定律15便可以看作是受万有引力作用的物体，它们运行的椭圆轨道的周期的平方与长半径的立方成正比。
a
p²=ka³
p
k：比例常数

这也意味着万有引力定律可以证明开普勒第三定律。
哈哈哈
万有引力

万有引力定律就这样轻松地证明了开普勒的三大定律。
万有引力
第一定律
第二定律
第三定律

开普勒虽然发现了天体运动的三大定律，
那么，来啦！
定律

却不能用数学方法进行严格的证明。
哐
证明

但是牛顿却证明了，
开普勒定律
篮板球
万有引力

并且只用万有引力这一个定律。
万有引力
开普勒定律
喓

没错，我牛顿，是一个无所不能的人。

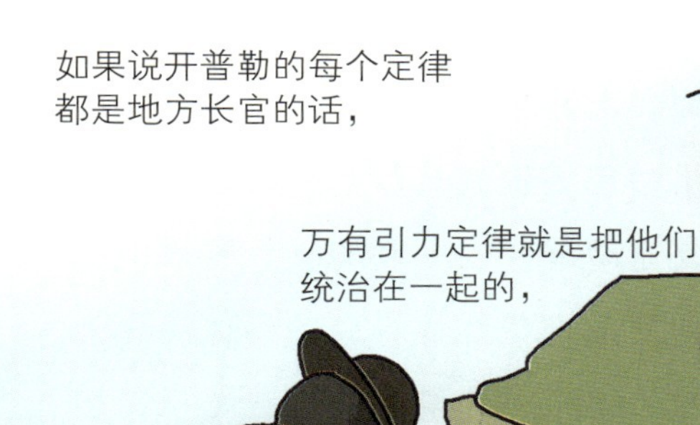
如果说开普勒的每个定律都是地方长官的话，
万有引力定律就是把他们统治在一起的，

万有引力
国家的国王。

到这里，可以说明万有引力定律是多么伟大的理论，
哈哈
哈哈
万有引力

牛顿是多么杰出的物理学家了吧。
向心力
万有引力

观测广袤的宇宙

天文望远镜

天文望远镜，是指观测天体时使用的望远镜。有伽利略式、开普勒式、牛顿式等。根据材料的不同，也可以分为光学望远镜、射电望远镜等。

我们经常在天文台见到的望远镜是光学望远镜，可以分为使用透镜的折射型，使用反射镜的反射型，同时使用反射镜和透镜的反射—折射型。无论是伽利略观测银河时所用的望远镜，还是哈勃观测银河时所用的望远镜，都是光学望远镜。

光学望远镜是通过可见光来确定物体的。但是光不只有可见光，还有电波。为使这种电波也可以被观察到而研制出的望远镜就是射电望远镜。射电望远镜用铁丝来代替反射镜和透镜。错综复杂地缠绕在一起的铁丝可以捕捉并分析电波。电波的强度比可见光弱，因此用射电望远镜得到的影像要比光学望远镜模糊。想要克服这一缺点，就必须聚集很多的电波，电波越多，影像就越明显。因此想要提高光的鲜明度，就要制造出大型的望远镜。但是，制造大型望远镜的能力是有限的。因此，世界不同地方设立的射电望远镜是与电脑连接使用的。

光除可见光、电波之外，还有紫外线、红外线等。不仅如此，紫外线外还有X射线和伽马射线，红外线外还有微波。虽然我们肉眼只能看到可见光，

但天体放射出的光包含了以上所有的光，这些光用光学望远镜或者射电望远镜是看不到的。因此，科学家又发明了红外线望远镜、紫外线望远镜、X射线望远镜、伽马射线望远镜。

天体放射出的红外线、紫外线、X射线、伽马射线和一部分电波无法顺利通过地球大气层。因此最好是在宇宙空间内设立天文望远镜来观测，比如哈勃空间望远镜。

▲ 在往返宇宙的探索号上拍摄的哈勃空间望远镜

第7章 地球是椭圆体

*麦哲伦：葡萄牙探险家。1519年从西班牙出发，巡航南美，发现麦哲伦海峡，并横渡太平洋。

当然，在那之前很久就有一位学者认为地球不是平面的，并计算过地球周长。
我的名字是埃拉托色尼。
是古希腊数学家、天文学家。

埃拉托色尼注意到了一个现象，在不同纬度的两地插着的短棒，它们影子的长度不同。
亚历山大里亚和西恩纳，插在这两个城市内。
亚历山大里亚
西恩纳

太阳出来的话，自然会产生影子，

因此人们对影子并没有太多兴趣，
……

但是埃拉托色尼不同。
No
Yes
No

他认为极其常见的自然现象中反而会隐藏着自然界的奥秘。
奥秘

如果地球像纸一样平，那么无论在地球哪个地方，影子的长度都应该一样。

但是实际上，每个地方影子的长度都不同。

这就证明了地球并不是平的。

埃拉托色尼坚信地球是圆的，并利用比例的关系很容易就算出了地球的周长。

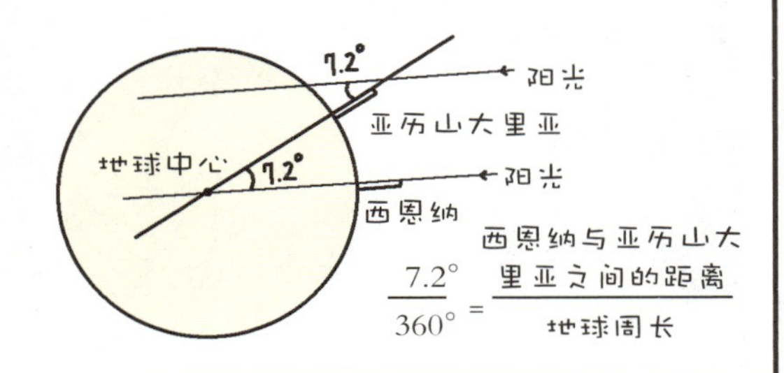

现如今地球是圆的已成为人尽皆知的事实。

登陆月球的航天员拍回来的地球照片，

围绕地球旋转的人造卫星所拍的照片，不都证明了吗？

但是，虽说地球是圆的，却不是完美的球体。

要成为完美的球体，从地球中心到地表任何地方的距离都应该一致。

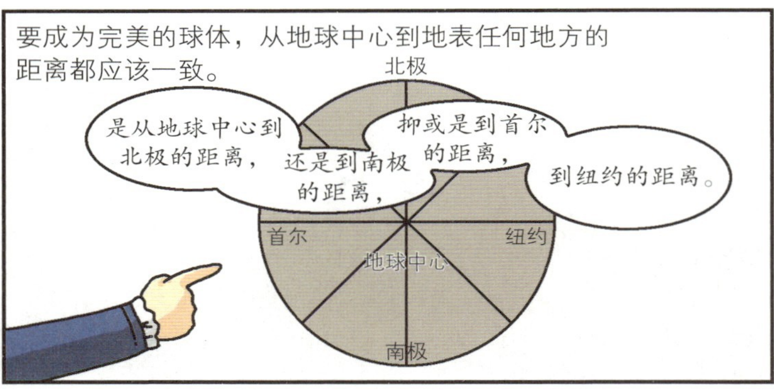

实际上，通过测量地球中心到这些地方的距离可以得知，距离并不相同。

这就是说，虽然地球是球形的，

却不是半径都相同的完美的球。

地球从中心到赤道的距离比到两极的距离略长。
北极
地球中心
赤道
南极

赤道的平均半径是6378千米，
两极的平均半径是6357千米。
北极
6357千米
6378千米
赤道
赤道的半径比两极的半径长20千米左右。

这就是说，赤道比两极更鼓一些。
这条线就是赤道。

按压圆形气球，可以说是扭曲的圆形吧？
咚

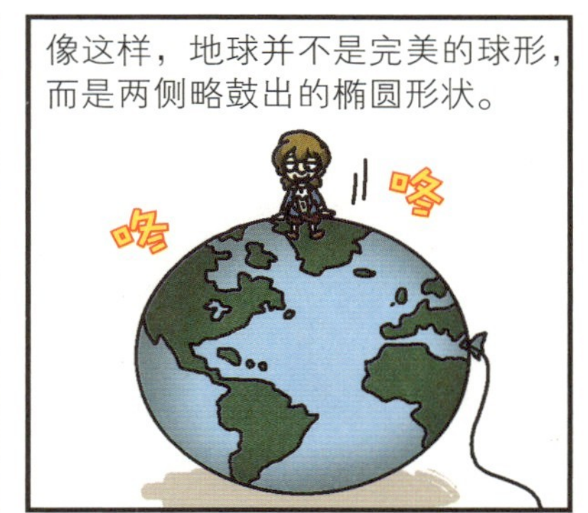
像这样，地球并不是完美的球形，而是两侧略鼓出的椭圆形状。
咚
咚

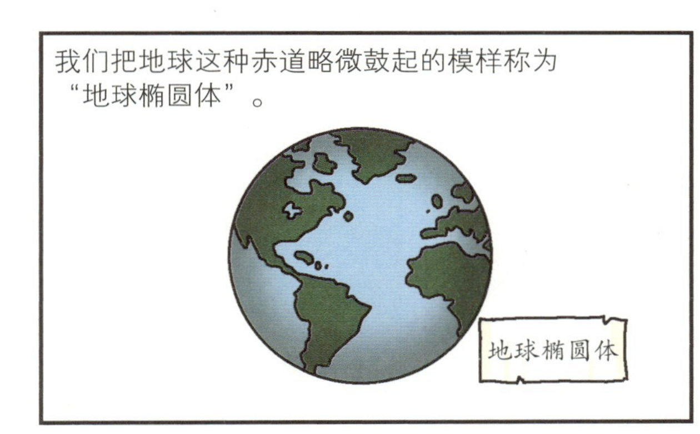
我们把地球这种赤道略微鼓起的模样称为“地球椭圆体”。
地球椭圆体

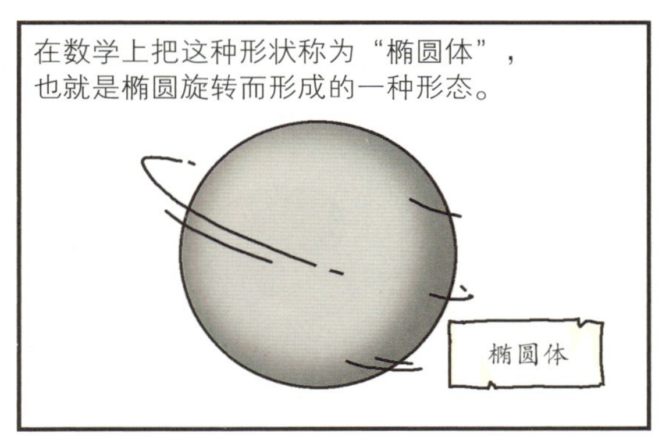
在数学上把这种形状称为“椭圆体”，也就是椭圆旋转而形成的一种形态。
椭圆体

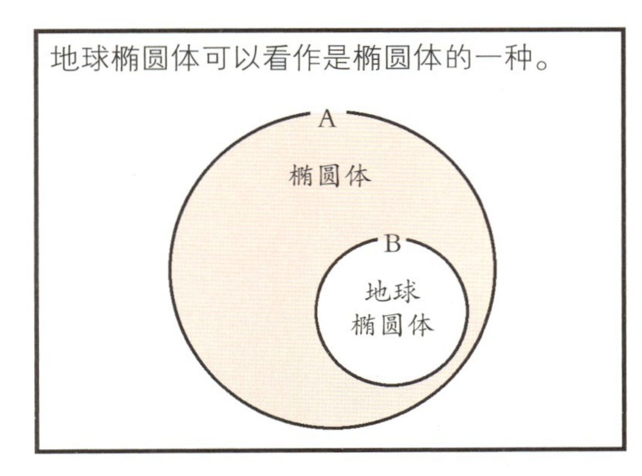
地球椭圆体可以看作是椭圆体的一种。
A
椭圆体
B
地球
椭圆体

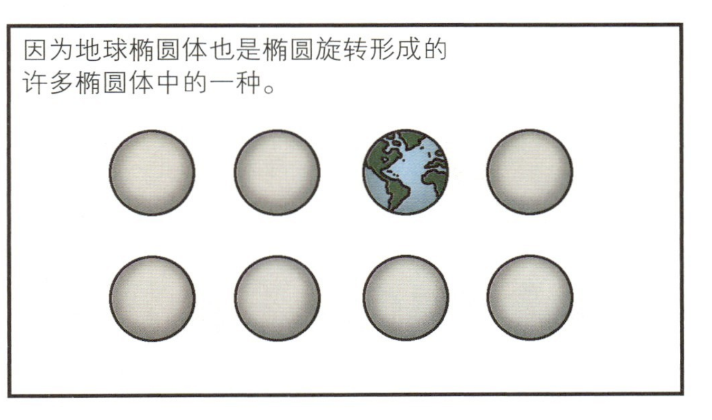
因为地球椭圆体也是椭圆旋转形成的许多椭圆体中的一种。

例如，如果说木星也像地球一样，
赤道附近略微鼓起的话，

是称它为地球椭圆体，

还是称它为椭圆体呢？

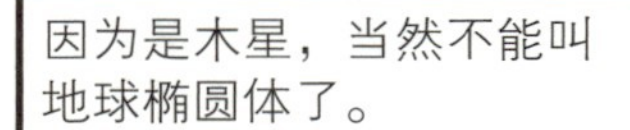
因为是木星，当然不能叫
地球椭圆体了。

叫作木星椭圆体更确切，
也可以叫作椭圆体。

但是为什么地球的赤道附近会
鼓起呢？

知道考虑这一问题的
第一位学者是谁吗？

埃拉托色尼。
回答得很自信，
非常抱歉，不是我。

答案是牛顿。
还有，第一个发表
了其中原因的人也
是我。

牛顿在《原理》一书中指出了形成地球椭圆体的
原因。
《原理》一书真是
包含了很多内容啊！

原因如下：
由于地球自转，所以赤道要比两极更鼓起来些。

地球椭圆体的理由是在
地球自转中找到的啊。
没错。

比任何人都讲究合理性的牛顿，不可能就这样随随便便说一句话解决问题吧？
有什么证据吗？

地球以旋转轴（地轴）为中心，做着每天旋转一周的运动。
那不是地球的自转嘛。

地球的自转是圆形的吧。
如果做圆形运动的话，就会产生离心力。
离心力

离心力随着距离而变化。
因为离心力也是力。

如果想亲自感受一下离心力是如何随着距离的变化而变化的，可以去游乐场的“转盘”上试试。
离心力

站到转盘上，如果在转盘中间的话，感觉不到。
呼呼
离心力

离中心越远，越会感觉到向外推的力。
呼呼呼
离心力

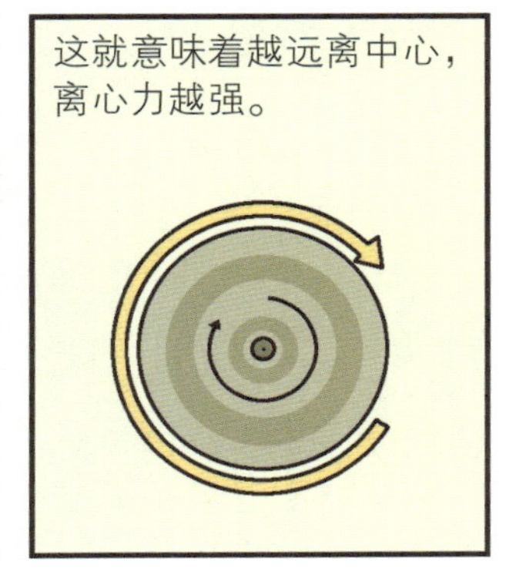
这就意味着越远离中心，离心力越强。

这一原理也适用于
地球椭圆体。
离心力

由于地球的自转而产生的离心力
也一样，越是远离中心的旋转轴
力越强。
向心力

那么，地球的旋转轴通过
哪些地方呢？

南极和北极
附近。
回答正确，地球的
旋转轴通过了两极
附近。

换句话说，南极和北极距离地球的旋转轴不远。
用转盘来说明的话，
和中间的距离相似。
南极
北极

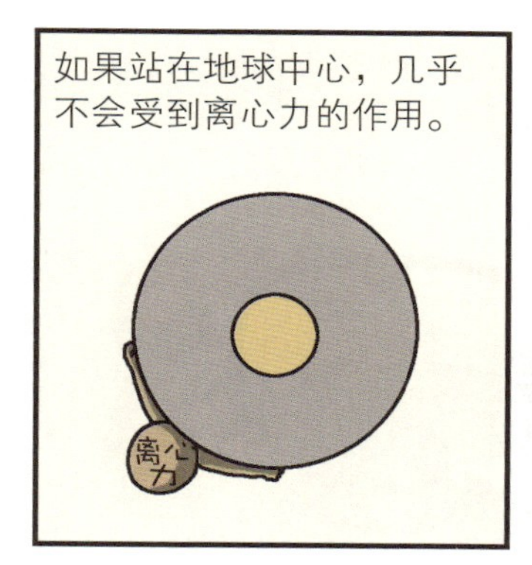
如果站在地球中心，几乎
不会受到离心力的作用。
离心力

这是因为距离越远，
离心力就会越强吧？
没错。

那么地球的南极和北极会不会受到
地球自转产生的离心力作用呢？
几乎不会受到。

因为不受离心力的作用，那会产生向
外的推力吗？
不产生。
离心力

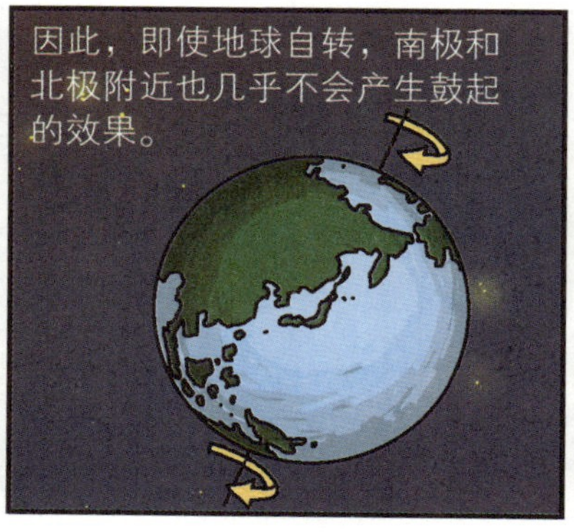
因此，即使地球自转，南极和
北极附近也几乎不会产生鼓起
的效果。

相反，赤道附近则
不同。
极
赤道

赤道附近与两极附近不同，距离旋转轴最远，因此受到地球自转的影响最大。
离心力

是说受到离心力的作用最大吗？
没错，因为离心力的效果强，受到向外侧推的力也是最强的。

这就是地球赤道比两极更向外鼓起而形成椭圆形的原因。
离心力
离心力

牛顿在《原理》一书的定律91中用数学方法计算出了地球椭圆体的可能性。

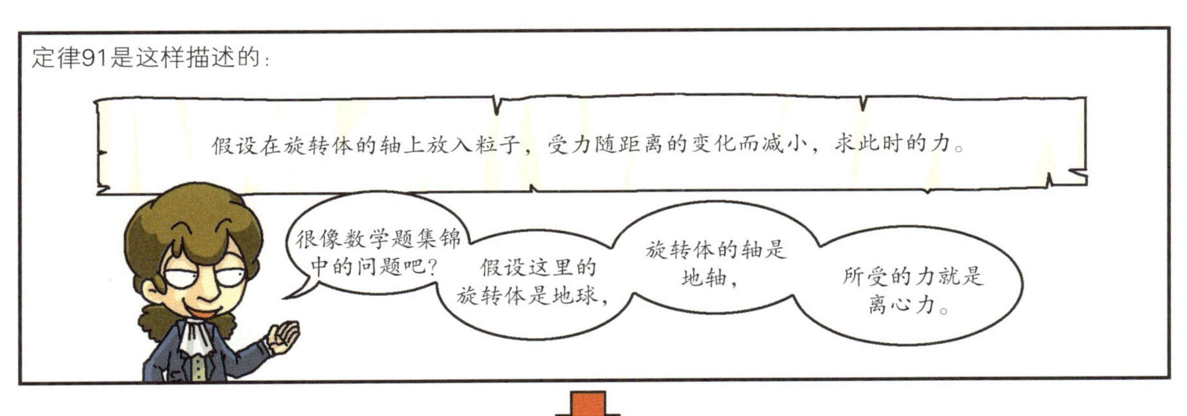
定律91是这样描述的：
假设在旋转体的轴上放入粒子，受力随距离的变化而减小，求此时的力。
很像数学题集锦中的问题吧？
假设这里的旋转体是地球，
旋转体的轴是地轴，
所受的力就是离心力。

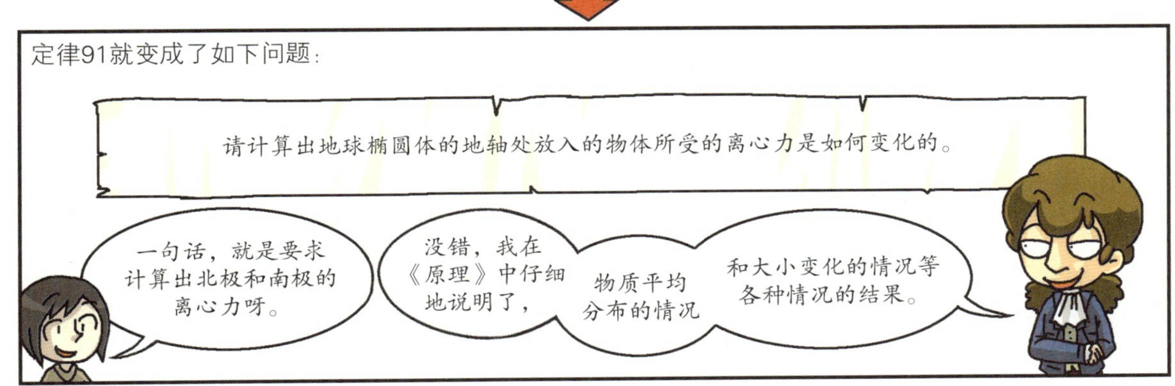
定律91就变成了如下问题：
请计算出地球椭圆体的地轴处放入的物体所受的离心力是如何变化的。
一句话，就是要求计算出北极和南极的离心力呀。
没错，我在《原理》中仔细地说明了，
物质平均分布的情况
和大小变化的情况等各种情况的结果。

另外，定律91的引理2中讲述了物体在旋转轴外侧时的离心力。

旋转轴

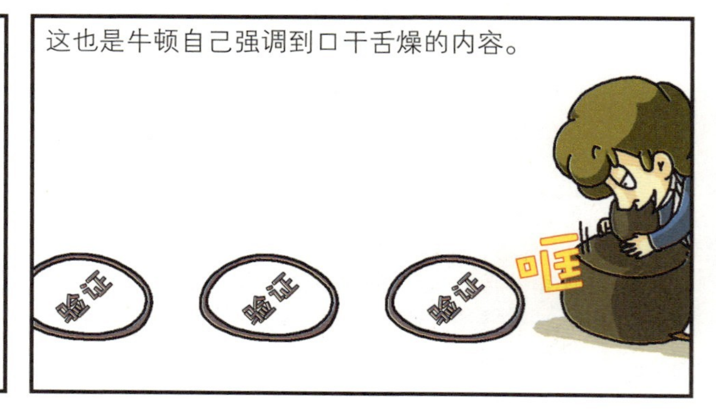

“如果出现其他现象，
则要以此为参考，从而
提出更准确的理论。”

啪

如若不然，赤道的距离更长的话，
牛顿的预测便是正确的。

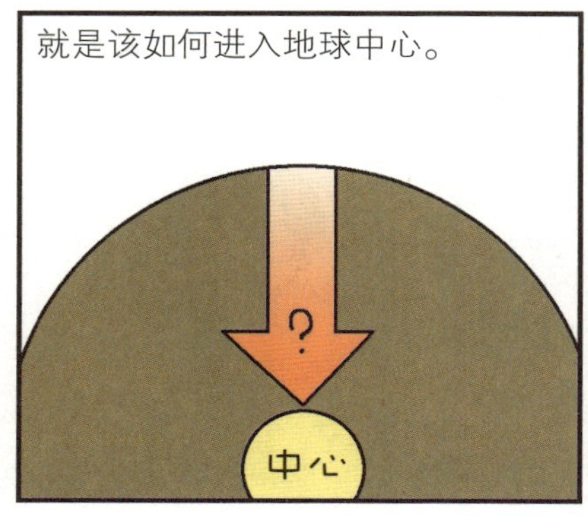
就是该如何进入地球中心。
?
中心

就连生活在21世纪、拥有尖端科学技术的我们都不可能进入地球中心。
虽然到过月球。

往地球内部走，温度会渐渐升高。
都知道地球中心的温度超过数千摄氏度。
咕嘟 咕嘟

有什么东西能够在数千摄氏度的温度下不熔化，还能坚持得住啊？
到现在为止放进去的所有东西都熔化了。

想要测量从两极和赤道到地球中心的距离，就必须深入到地球内部，却没有一个方法能实现。那么要如何克服这一难关呢？
……

地球纬度的长度略有不同。
地球上表示位置的坐标轴中，横向的就是纬度。

例如，赤道与纬度为5度的地方之间的间隔和纬度为10度与纬度为15度的地方之间的间隔是不同的。
用地球仪来确认一下吧。

真的哟！虽然纬度都间隔5度，距离却不一样。

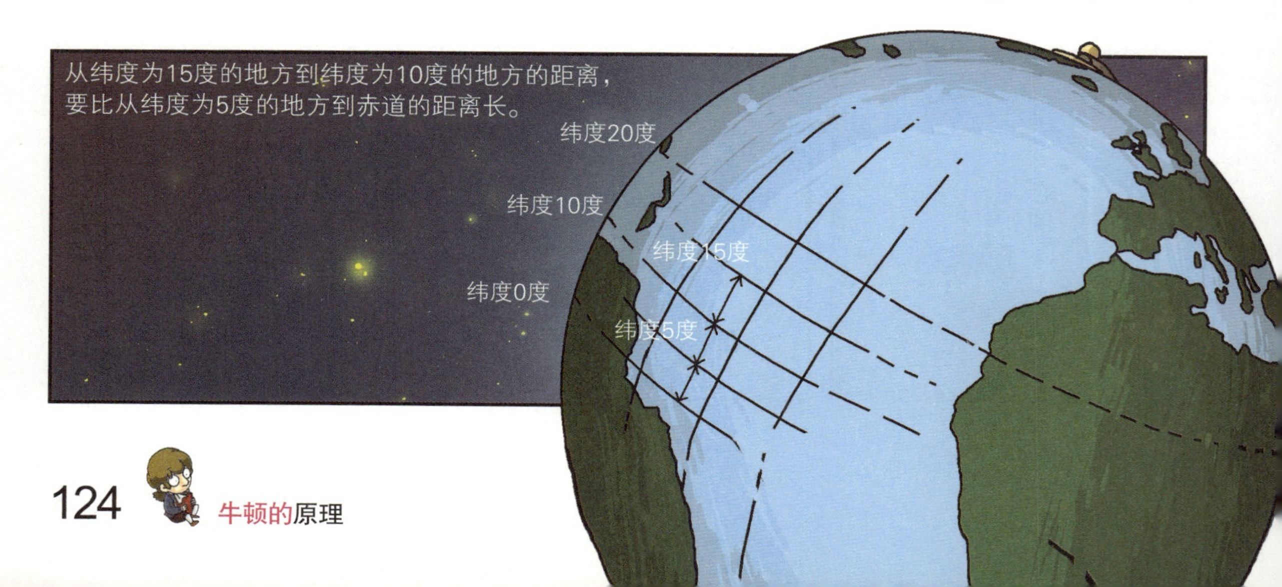
从纬度为15度的地方到纬度为10度的地方的距离，要比从纬度为5度的地方到赤道的距离长。
纬度20度
纬度10度
纬度15度
纬度0度
纬度5度

纬度越高，这种现象就越明显。
赤道

如果地球是完美的圆球，就绝对不会出现这种现象。
完美的圆球

那么，从赤道到纬度为5度的地方和从纬度为10度到纬度为15度的地方的距离应该一样。

换句话说，验证牛顿的预测，可以利用纬度的长度。
找到了即使不亲自去地球中心，
也可以确定牛顿的预测是否正确的方法。

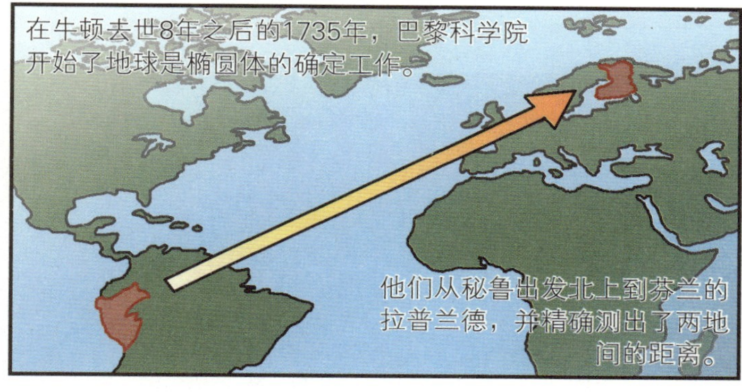
在牛顿去世8年之后的1735年，巴黎科学院开始了地球是椭圆体的确定工作。
他们从秘鲁出发北上到芬兰的拉普兰德，并精确测出了两地间的距离。

结果是这样的。

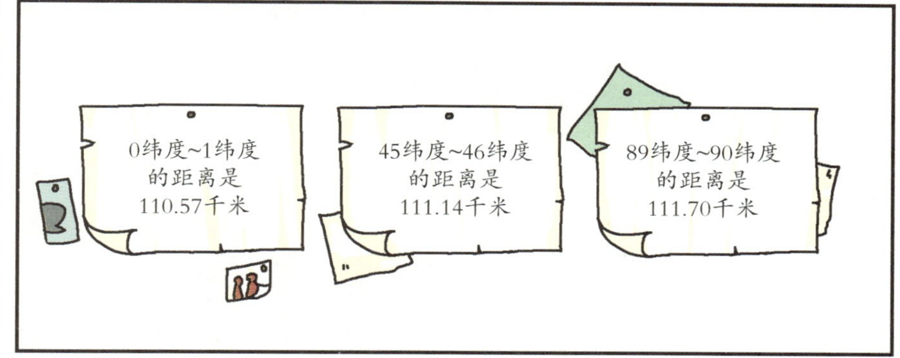
0纬度~1纬度的距离是110.57千米
45纬度~46纬度的距离是111.14千米
89纬度~90纬度的距离是111.70千米

从这里可以看出，虽然纬度都相差1度，
但随着纬度增高，间隔越来越大。

这毫无疑问地证明了牛顿的“地球是椭圆体”的预测是正确的。
牛顿的胜利！
嘻嘻
地球椭圆体的胜利！

地球椭圆的程度经常用“扁平度”来表示。
扁平度?

扁平度可以认为是物体扁平程度的数值。
扁平度越大，物体越扁，
扁平度越小，物体越圆。
扁平度= 赤道半径 - 极半径 / 赤道半径
我们将这个式子代入，来计算一下地球的扁平度吧。

地球扁平度 = 6378km−6357km / 6378km = 21km / 6378km ≈ 0.0033km
0.0033是小数。
地球的扁平度这么小，
说明虽然赤道略微鼓起，
但鼓起却不是那么明显。

就是说，即使将地球看成是圆形球体也没多大问题。

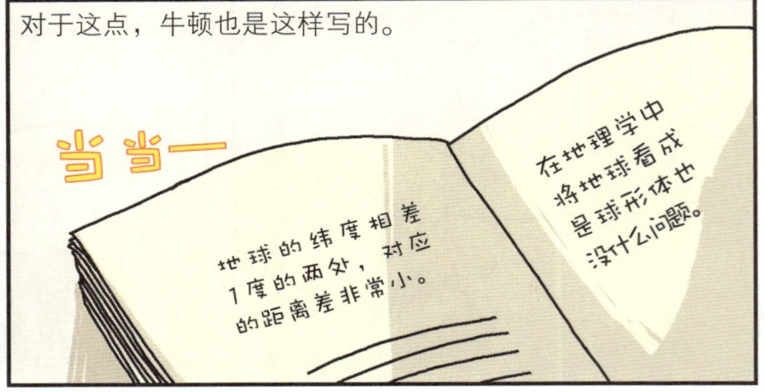
对于这点，牛顿也是这样写的。
当当—
地球的纬度相差1度的两处，对应的距离差非常小。
在地理学中将地球看成是球形体也没什么问题。

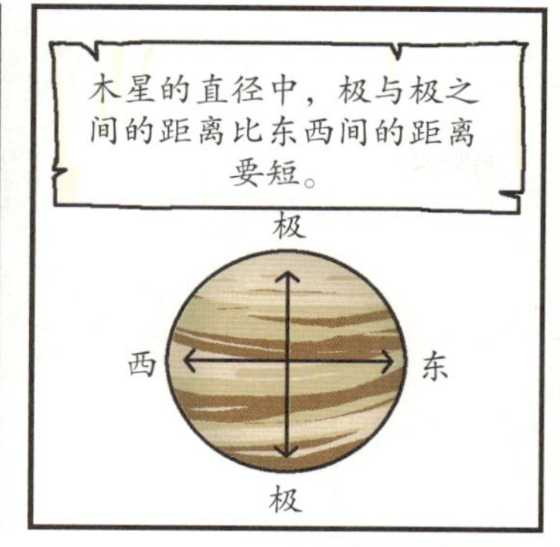

*测微器：可以测量出百万分之一米精度的工具之一。

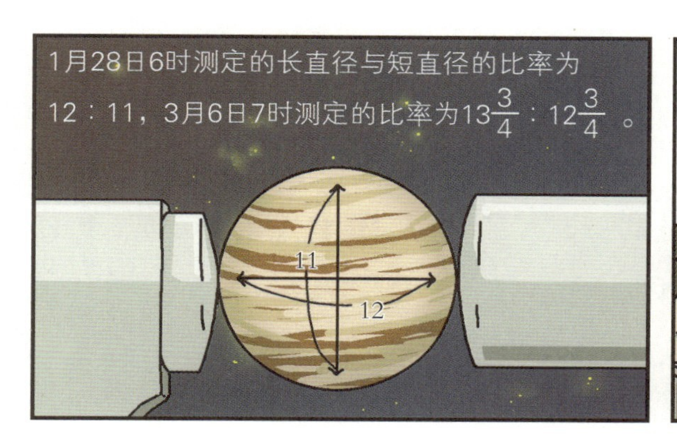

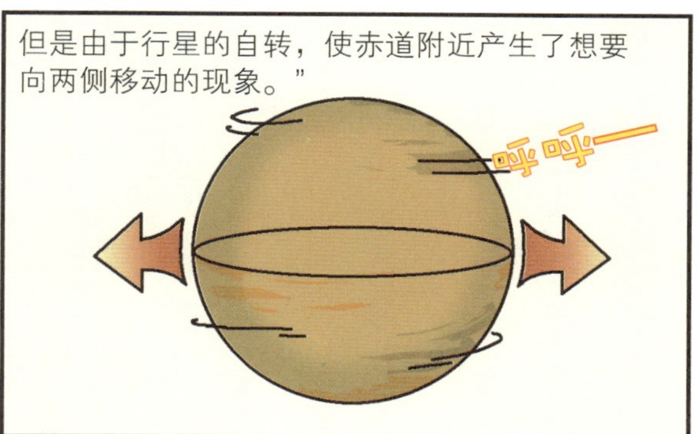

第8章 关于地心说和日心说
古人认为太阳是
围绕地球旋转的。

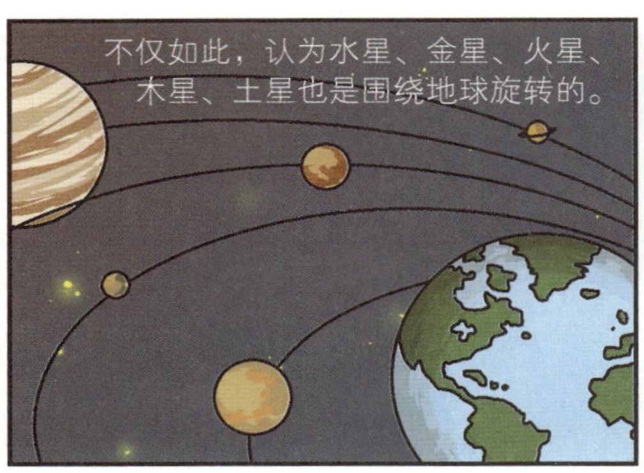
不仅如此，认为水星、金星、火星、
木星、土星也是围绕地球旋转的。

就像月球围绕地球旋转
一样。

认为宇宙按照这种方式
运动的说法称为“地
心说”。

按照地心说，宇宙的中心是地球。

地球位于中心，其周围由太阳系的天体围绕着旋转。

苏格拉底与耶稣、释迦牟尼、孔子并称为四大圣人。

最终，
克罗狄斯·托勒密完成了地心说。

可以叫我托勒密。

托勒密支持地心说，并提供了听起来比较恰当的证据。

他主张地球是高贵的，所以不能运动，并这样解释道：
戛然而止

“如果地球转动的话，动物、植物、人、房屋、石块都会跟着飞起来。”
嗖
嗖

“不仅如此，无法战胜旋转的力，地球最终也会崩溃。”
乍一听，似乎是那么回事儿。
分裂的碎片
GD

你们的科学知识还不足以反驳托勒密的这一观点。

托勒密的地心说受到了西方各国的全面支持，犹如一千年以上的真理一样，被人们所接受。
1000

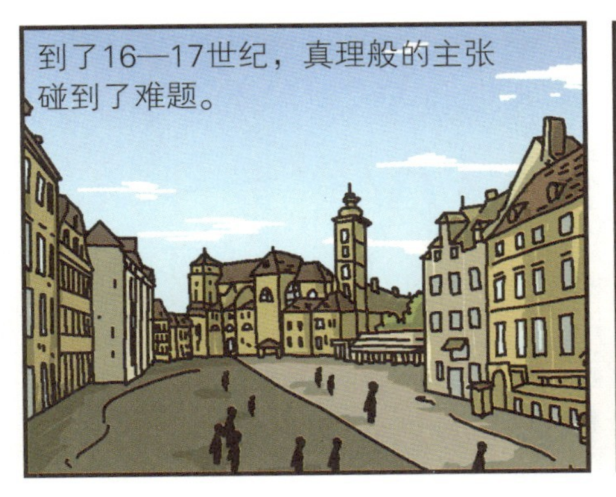
到了16—17世纪，真理般的主张碰到了难题。

当时受到文艺复兴的冲击，欧洲连续发生了一些事件，奇特的是，所有事件都集中在科学领域。
科学

所以又被称为“科学革命”。

第一个点燃科学革命之火的人，
噼里啪啦

是波兰的神父、天文学家尼古拉·哥白尼。

哥白尼的科学革命不仅是天文学的革命，也可以说是当代天文学的起点。

哥白尼认为，如果真的有神存在的话，神就不会将宇宙创造得如此复杂。

但是托勒密的地心说太复杂了。

哥白尼开始对托勒密的地心说产生怀疑。
天文学大成

因此，他便将自己的热情倾注到构建完美的日心说上。
日
心
说

终于，他完成了太阳是宇宙中心的日心说的论述。

哥白尼在他临死前出版的《天体运行论》一书中，完整地记载了关于日心说的想法。
抖抖抖

哥白尼在书中这样写道：
地球不是宇宙的中心。
抖抖

“它只是像水星、金星、火星一样，围绕太阳旋转的一颗行星而已。”

这样一来，地球便不再是宇宙的中心。

人类也不再是最高贵的存在了。
快下来吧！

托勒密的地心说算是倒塌了。
地 心 说
轰隆隆

但是，哥白尼的日心说并没有立刻被人们接受。
维修中
请回吧

因为宗教的领导者强烈阻止日心说的传播，
哼！

并严厉惩罚那些相信日心说的人。

遭到迫害的代表人物是乔尔丹诺·布鲁诺。
我是意大利的神父，
也是天文学家。

他主张“地心说是错误的理论，日心说才是正确的理论”，却被处以火刑。

唉
真可惜啊……
真不知道为什么呼吁真理的人却要遭受那样的痛苦呢。

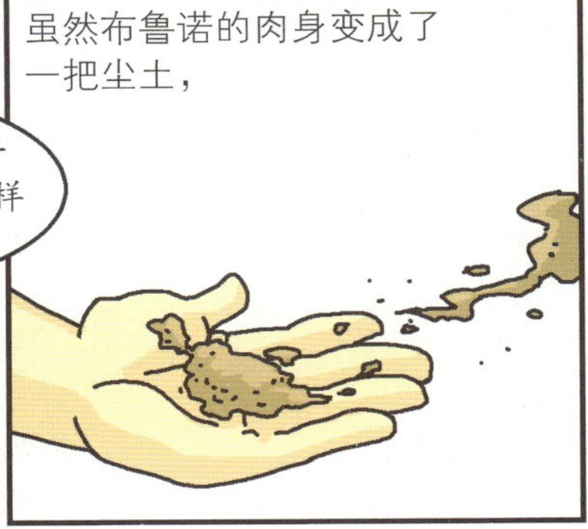
虽然布鲁诺的肉身变成了一把尘土，

但他的精神却成了支持日心说的力量。

地心说的倒塌也有开普勒的老师第谷的功劳。
地
心
说

一天，第谷留意到在仙后座附近有颗非常明亮的星星。

他觉得过一两天后，那颗星星就会再次变暗。
仙后座

但是，星星不但没有变暗，反倒更亮了。
按照新出现的星星的意思，
就称它为“新星”吧。

亚里士多德主张地心说，认为比月球更高的地方存在的天体是不会变化的。

但是第谷发现的新星虽然也在比月球更高的位置，

却是渐渐变亮，有所变化的。

这成了证明亚里士多德的言论错误的证据。

随着科学革命的继续，伽利略成了让地心说彻底倒塌的人。
地 心 说

伽利略是第一个用望远镜来观察宇宙的科学家。
说过我是第一个制造出望远镜的人嘛。

伽利略用望远镜看到了令人惊叹的天空。

宇宙比想象中更大、更广。
飞飞飞
飞飞飞
星星也多到无法计数的程度。

伽利略发现了许多天文现象，还发现了在木星周围旋转的卫星。
那是什么？

它有力地证明了地心说是错误的。
请再详细地说明一下吧。

1610年伽利略确定了木星附近有四颗卫星的事实。
我的名字叫Io（艾奥）。
我是Europa（欧罗巴）。
我是Ganymede（盖尼米得）。
我叫Callisto（卡利斯托）。

按照地心说的说法，天体应该毫无例外地围绕着地球旋转。
孩子们，过来。

但却出现了地球以外的、围绕木星旋转的天体（木星的四颗卫星）。
我们
更喜欢木星！

这样便切切实实地说明了地心说是错误的。

伽利略用这种方法来支持哥白尼的日心说，掀起了科学革命。

由于发现了围绕木星周围旋转的四颗卫星，地心说便再也没有力量坚持下去了。
地心说

但是，基督教的宗教领导者无法接受日心说。
唰
踏
踏
日心说

他们将伽利略当作邪教徒，带到了宗教裁判场。

日心说的反对者将布鲁诺处以火刑还不够，还要妄图死死封住伽利略的嘴，以阻止日心说的传播。

但是，真理是不会永远被埋藏的。
咯噔
咯噔

拿到科学革命这一接力棒的牛顿，并未花费太长的时间便拔出了地心说的最后一颗钉子。
啊！嘿嘿

牛顿在《原理》的第三册现象3中简单明了地指出了地心说理论的错误。
因为我讨厌复杂的东西。
原理
地心说
地心说
地心说

五颗行星，即水星、金星、火星、木星、土星的轨道都是围绕着太阳的。

天体的轨道是围绕着太阳的，天体是围绕太阳公转的。
转吧！

因此，现象3的意思是行星是围绕太阳公转的。

在现象3中说明了水星、金星、火星、木星、土星，
是围绕太阳公转的啊。
叮咚！

太阳系的行星围绕太阳旋转的这一理论不就是日心说嘛。
没错。

牛顿证明了日心说的正确性。

但是，牛顿为什么没有
提及土星外其他的行星呢？

因为在牛顿所生活的时代，土星外其他的行星并没有被广泛认知。
目前还没有确认
的行星……

原来是天王星、
海王星还未被发现
的时代呀。
是的。

所以在牛顿所生活的时代，太阳系的行星算上地球只有六个而已。
母鸡
叽叽
叽叽
叽叽

牛顿在书中一项一项
说明了关于现象3正确
的理由。
请看
啪

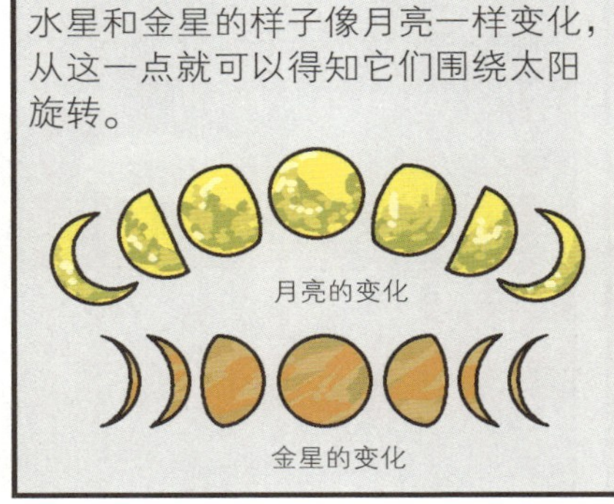
水星和金星的样子像月亮一样变化，从这一点就可以得知它们围绕太阳旋转。
月亮的变化
金星的变化

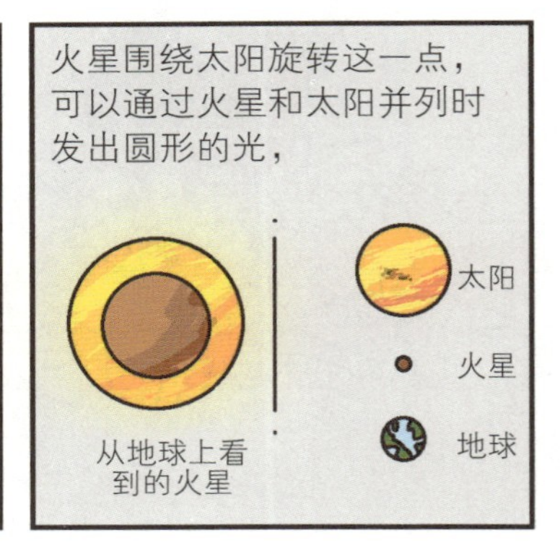
火星围绕太阳旋转这一点，可以通过火星和太阳并列时发出圆形的光，
从地球上看
到的火星
太阳
火星
地球

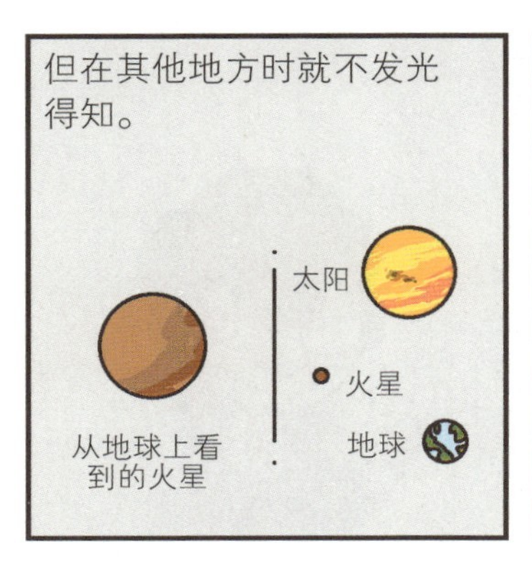
但在其他地方时就不发光得知。
太阳
火星
地球
从地球上看
到的火星

在木星和土星的表面可以看到接受太阳光照射的卫星的影子，

我说过这就是木星和土星围绕太阳公转的理由。
卫星的
影子
卫星
太阳光

牛顿在《原理》第三册
现象5中这样写道：

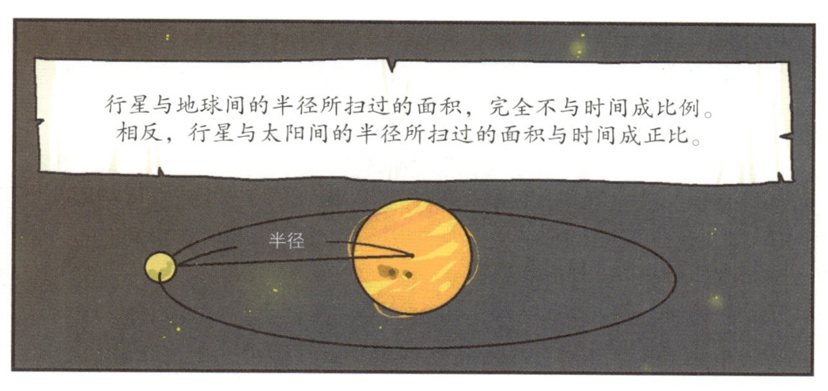
行星与地球间的半径所扫过的面积，完全不与时间成比例。
相反，行星与太阳间的半径所扫过的面积与时间成正比。
半径

在读这一条时，应该会想到什么定律呢？
开普勒第二定律！

没错，想到了开普勒第二定律——面积定律吧？
大家记得吗？

面积定律是太阳系所有天体共同适用的定律。
面积定律

牛顿用万有引力定律证明了这一点。
万有引力

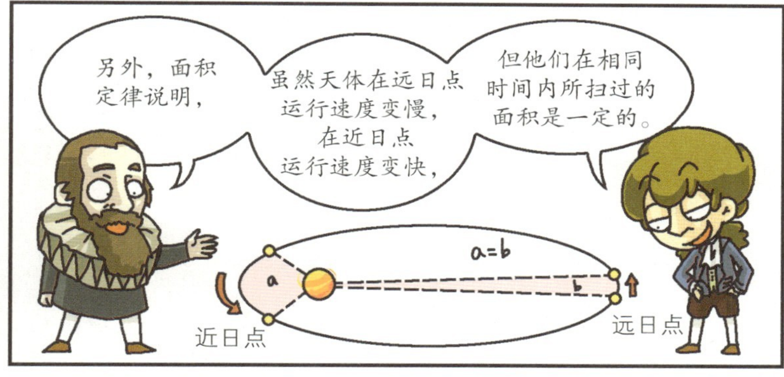
另外，面积定律说明，
虽然天体在远日点运行速度变慢，在近日点运行速度变快，
但他们在相同时间内所扫过的面积是一定的。
a=b
a
b
近日点
远日点

行星与地球间的距离扫过一定的面积，行星不管怎样都要围绕地球旋转才行。
旋转
旋转

行星围绕地球旋转，
?
?
?

是地心说的观点吧。

如果地心说是正确的，行星围绕地球旋转的时候，在相同时间内所扫过的面积应该是一样的。

因为包括地球在内的太阳系的所有天体都是按照开普勒第二定律所叙述的方式运动的。
那么，我们来确认一下怎样？

地心说
经过对天体运动的观测，
一个月
天体运行的距离
a
地球
b
天体运行的距离
a ≠ b
两个月
天体运行所扫过的面积是不一样的。

这说明了什么呢？
面积与时间完全不成比例。
H
A
S
O

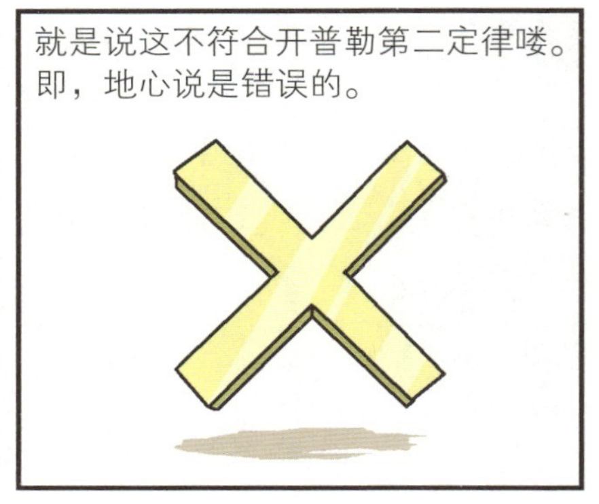
就是说这不符合开普勒第二定律喽。即，地心说是错误的。

相反，“行星与太阳间的距离所扫过的面积与时间是成正比的”，牛顿是这样说的。

行星与太阳间的距离扫过一定的面积，行星应该围绕太阳旋转。
这是按照日心说描述的太阳系的样子。

日心说
如果日心说是正确的，行星在围绕太阳旋转时，相同时间内所扫过的面积应该是一样的。
太阳系天体的运动应该时刻符合面积定律。
一个月
太阳
a
天体运行的距离
b
天体运行的距离
a=b
一个月

牛顿观测的结果是怎样的呢?
面积与时间是成正比的。
那样的话?
H
A
S
O

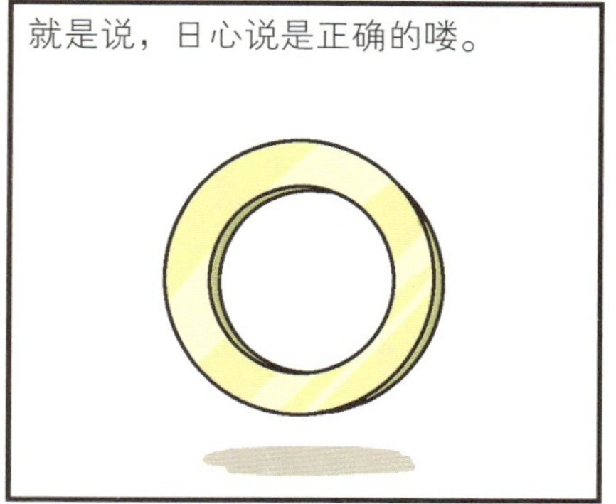
就是说，日心说是正确的喽。

现在牛顿在《原理》第三册中，利用向心力和万有引力来说明地心说和日心说的对错与否。

牛顿曾计算出了太阳系行星的向心力，

并将这些向心力相互间进行了比较。

这样，太阳的向心力就是以一当百。

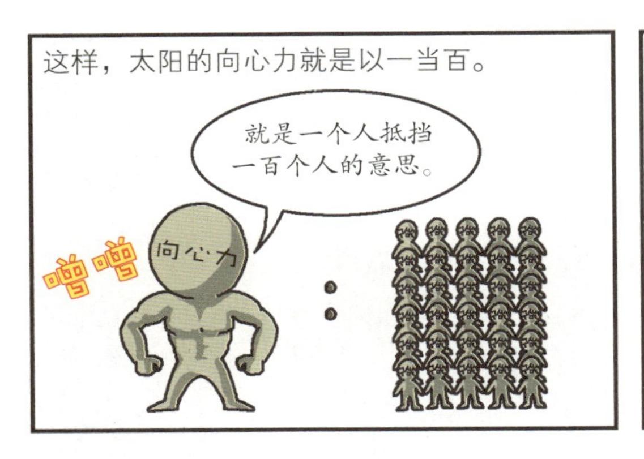

即使将包括地球在内的太阳系的所有行星所受的向心力加在一起，也达不到作用在太阳上的向心力的千分之一。

由于太阳系的天体相互间受到
向心力的作用，
向心力

应该向哪一个方向走呢？

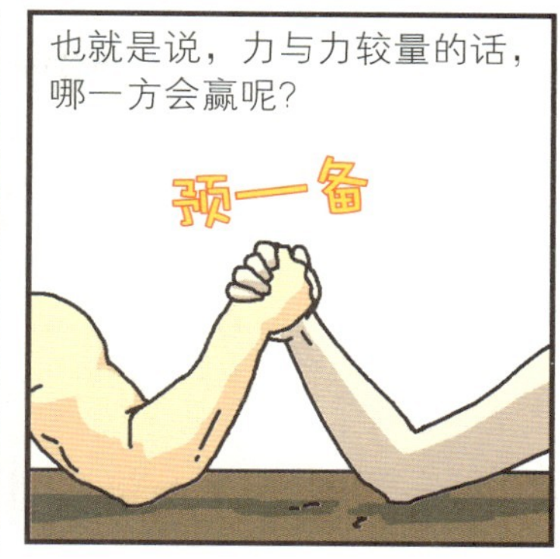
也就是说，力与力较量的话，
哪一方会赢呢？
预一备

当然是力大的
那一方赢。
嘿！
向心力也
一样。
向心力

天体会向着向心力最强的方向移动。

嗯，那么对太阳系天体的向心力
计算结果是怎样来着？

太阳是
以一当百的。
没错，既然太阳的
向心力如此强大，
天体会被拉向哪个
方向呢？

太阳！

所以牛顿是这样断定的：
“太阳系的天体应该向太阳的方向降落，
地球当然也不例外。”

因为向心力也就是引力，所以被拉动
和降落是一个意思，这在前面已经说过了。

受到向心力而降落的话，自然就会做圆周运动。
这一点也在前面说明过了。

这意味着什么呢？
这就是说太阳系的天体必然是围绕着太阳旋转的吧。
原来是指日心说是正确的！

牛顿又这样说道：
如果太阳围绕地球旋转，其他行星也是这样的话，
地球就应该有非常大的力来拉动它们才行。

但是在地球上很难感受到那种力量。
太弱了。

这意味着地球没有一个力可以拉动太阳系中包括太阳在内的所有天体的运动。
嗯

可以看出，地球成为太阳系主人的体力是不够的。
呼哧

非常伟大的推理啊。
这里所说的体力，就是质量和向心力吧？
当然了。

所以牛顿是这样总结地心说和日心说的。
跟我来。

我们这个时代之前的大多数学者，
认为地球应该在宇宙的最下方，下方可以想象成中心的意思，也就是说天体是以地球为中心旋转的。
地球是中心！
考虑到地球有吸引物体的性质才这样认为的。
但是太阳的引力，
比我们地球的引力要大出数千倍。
因此，从引力来看，
当然是太阳应该在最下方，即中心处。换句话说，太阳系的天体不是以地球为中心，而是以太阳为中心进行公转的。
牛顿认为，只有这样，太阳系的配置和构造才能够更明确、更完美。

伽利略的发现
相对论

说到相对论，就会想到一个人吧？那就是天才物理学家爱因斯坦。但事实上第一个想到相对论这一概念的人不是爱因斯坦，而是伽利略。大家都知道，伽利略是反对地心说，支持日心说的。主张地心说的人为了反驳伽利略的观点提出了许多质疑，其中有这样一个故事。

地心说的支持者说道："按照你所说的，假设地球是旋转的，那么就应该有各种变化吧。例如，如果从天上掉下来物体的话，物体掉下后的位置就应该有所变化。"

伽利略反问道："是说地球旋转时所移动的距离是多少，物体掉落的地点也应该有多大的变化吗？"

地心说的支持者回答道："是那个意思。"

地心说的支持者所提出的反驳，乍看来似乎是那么回事，但是伽利略却不那么认为。为了证明地心说支持者的说法是错误的，他进行了试验。

伽利略在河里放了一条船，船是匀速行驶的。伽利略爬上船帆，扔下了一个球。那么，在这里想一想，如果把船想象成地球的话，由于船在运动，按照地心说支持者的说法，球掉落的位置应该与船不行驶时的位置不同。但是结果却不是这样的。球掉落的位置与船是否运动无关，地心说的支持者便无话可说了。

为什么会出现这样的结果呢？简单地说，这是由于船帆和船是一起运动的。从这一试验中我们可以知道，地球旋转的时候，地球上的物体也是一起旋转的，这时的物理定律是不变的。

这被称为伽利略的相对论。如果将伽利略的相对论用物理学表达的话，是这样的。

“无论是做匀速运动，还是静止的自然现象，用于说明它们的物理定律是不变的。”

第9章 关于潮汐
从前，住在海边的人经过长时间的经验积累，能够感知海水何时升高或降落。

即使不刮风，没有台风，
呼呼—

人们也知道什么时候海水会涌进来、升高，

什么时候海水会退回去、变低。

大家都知道海水升高叫作“涨潮”，

海水回落叫作“退潮”吧?

牛顿认为潮汐现象是因为太阳和月球的作用所致。

牛顿所说的太阳和月球的作用，不是别的，正是万有引力。
万有引力

万有引力也出现啦。
这说明万有引力定律就是那样伟大。
可以一次性说明各种自然现象。
万有引力
我是有点不一般。

万有引力是什么样的力来着？
是拉力。
嘿……

拉的话会怎么样呢？
就会被拉过来喽。

月球对地球施以万有引力的话会怎么样呢？
无论什么物体都会被拉过来。

那是些什么物体呢？
……
G
D
R
A
G
O
N

那么，就慢慢想想是些什么物体吧。

月球的万有引力不会只对地球的大海起作用的。

因为万有引力是公平的力。
没错，万有引力是无差别的力。

对任何事物都公平作用的力。
无论对谁都没有区别。
我从不偏食。
啊——
这是什么意思呢？
月球的万有引力会施加在地球的所有物体上。
月球的万有引力
会施加在水上，会施加在土地上，也会施加在我身上，是这个意思吧？

但是，用相同的力来拉，
有的时候很容易拉动，
万有引力

有的时候也拉不动。
嗯嗯
万有引力

例如，假设月球用相同的力
来拉，

水容易被拉动，

还是地面容易被拉动呢？

当然是水了。

水是液体，地面是固体嘛。
液体比固体的
结合力弱。

所以液体的水要比
固体的地面更容易
被拉动。
哇啊—

那么，地球上水最多
的地方是哪里呢？
大海！

没错！这就是地球上的海水受到
月球的万有引力作用被拉动的原因。

对整个地球来说海水量几乎是一定的。

海水不可能像变魔术一样突然上涨、增多，

或是原本存在的海水突然神不知、鬼不觉地消失、变少。

就是说，无论是涨潮，还是退潮，都不是海水突然增多或变少而导致的。
海水

地球上的海水只是受到月球万有引力的作用，从这里向那里移动而已。
哗哗

其结果是，海水大量聚积的地方就形成了沙滩被淹没的涨潮，

海水大量回落的地方则形成了沙滩露出来的退潮。

牛顿在《原理》第三册中这样写道：
涨潮和退潮，一天之内会发生两次。

由于一天有24小时，每12小时会产生一次涨潮和退潮喽？
虽然单纯地计算是如此，但事实却有所不同。

一天之内产生两次涨潮和退潮是由于地球的自转。
地球一天之内自转一次。

等一下，有点奇怪。
哪里？

如果地球一天自转一次的话，
涨潮和退潮不也应该是一天之内出现一次吗？
嗯……

啊，不是啊，是我想错了。
?

因为涨潮是一次，退潮也是一次，所以是两次没错。

如果是那样想的话，真的是想错了。

涨潮和退潮不是一天发生一次，而是每个都发生两次。

两次涨潮，

两次退潮，是这样的。

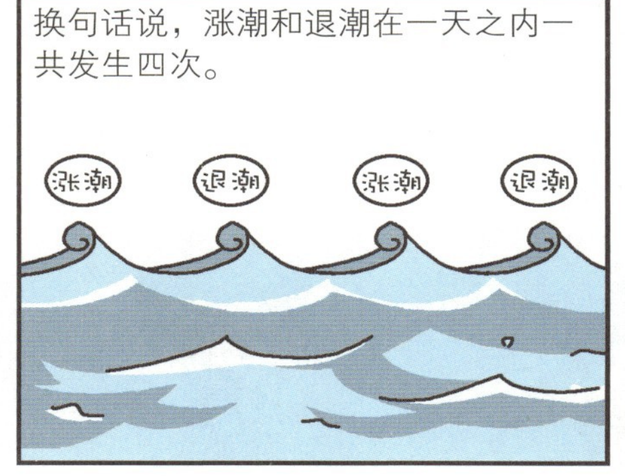
换句话说，涨潮和退潮在一天之内一共发生四次。
涨潮
退潮
涨潮
退潮

意思是说潮汐大约每6个小时交替产生一次。

如果涨潮和退潮是这样产生的话，地球每自转90度就要发生一次潮汐现象。

地球自转一周就是旋转360度，
把它除以4的话，就是90度。
90°

可以说成是东西南北方各发生一次潮汐现象吧。
N
W
E
S

但是与月球相对位置的引力更强。
你好？

因为离得更近。

所以被拉向这个方向的海水量很大。
这就产生了涨潮。
翻腾

但是不要忘记，涨潮不仅仅在那一个地方产生。
还会在什么地方产生呢？

地球的另一面也会产生！
翻腾
翻腾

例如，假设现在韩国与月球相对。

所以仁川海边会产生涨潮现象。
仁川

经过12小时之后，韩国就会随着地球转到（对着月球的那一面）另一面了吧？
韩国

这时候韩国与月球并不是相对的吧。
月球在后面。

但是，根据“地球背对月球的一面也会产生涨潮”的原理，仁川还是会产生涨潮的。
这一原理会在最后一章中说明。

所以一天中会产生两次涨潮现象啊。
一天中会产生两次退潮的现象也是相同的道理。

这样的话，不是每12小时就会产生一次涨潮现象吗？

不是每12小时哦。
什么？一天两次的话不是间隔12小时嘛！

话虽如此，但还是有些差异的。
听好了

说每12小时产生一次涨潮现象，是在假定月球不运动的情况下。
别动！

但是月球是一直静止的吗？
哐

不是的，它是围绕地球旋转的。
是的，月球是公转的。
放手！
喀喀

月球和地球一样，一刻也不停止地做着自转和公转运动。

只有两个都是静止的，
……

或者在相同的时间内，向着相同的方向移动相同的距离，
配合着旋转。
呼啦

下次才能在同一时间、同一地点相对应。
确定是今天吗？

但是月球与地球不可能那样。

因为它们运动的方向和速度都不同。

这样看来，它们移动的距离也不同。

所以不能总是在同一时间、同一地点相遇。

原来我们不总是在同一时刻与月球相对啊。

所以月球与地球在同一地点相遇的时刻是有差异的，这就是涨潮后到下次涨潮的时间产生差异的原因。

一天之内会产生大约50分钟的差异。

由于一天中发生两次涨潮现象，
涨潮
涨潮

将这段时间分成两份的话，
咔
嚓

发生一次涨潮现象所需要的时间就可以计算出来了。

涨潮两次所需要的时间大约是24小时50分钟，

将这个时间除以2的话，就是12小时25分钟。
每12小时25分钟会发生一次涨潮啊。
退潮也一样。

现在转到“潮汐力”上来看看。所谓“潮汐力”，就是指使潮汐现象发生的力。
当当—
潮汐力

潮汐力是根据月球、太阳和地球间的分布不同而变化的。

牛顿在《原理》第三册中也指出了这一事实。

太阳与月球排成一列的时候，涨潮和退潮最大，位于1/4圆的时候，涨潮和退潮最小。

太阳与月球排成一列指的是按照“太阳—月球—地球”，
太阳
月球
地球

或者“太阳—地球—月球”的顺序进行排列。
太阳
地球
月球

另外，位于1/4圆的位置指的是太阳、月球与地球形成直角的分布情况。
直角（90度）

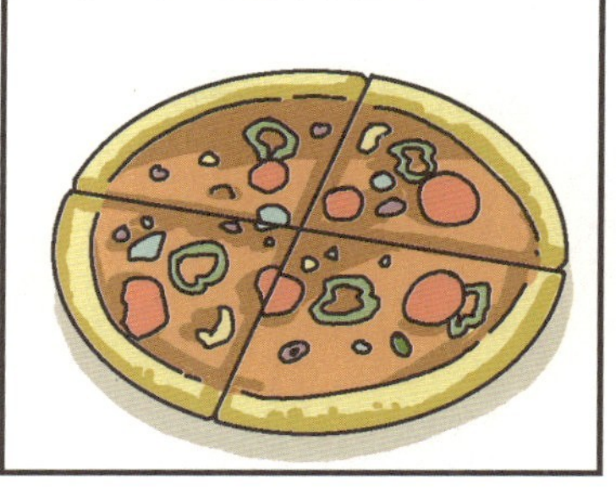
将圆形的比萨平均分成四份，其中一份的各个角上，

分别排列着地球、月球和太阳。
月球
地球
太阳

可以看成是月球向旁边倾斜90度所出现的状态啊。
月球
太阳
地球

在这里想象一下拔河时的样子。

拔河的时候力量向旁边分散时，
嗯嗯
哼哧

与排成一队施力时，哪一种力会更大呢？
嗨一哟
嗨一哟
当然是站在一排施力时力量更大了。

潮汐力也是如此。
潮汐力

太阳、月球和地球不是位于1/4圆的位置，而是笔直地排成一排时，潮汐力最大。
潮汐力
噌噌

太阳、地球与月球排成一排的时候就是看到“朔望月”的时候。

因此，“朔望月”的时候潮汐力最大。
来吧，涨潮！
潮汐力
去吧，退潮！

“朔月”就是看不见月球的时候，

“望月”就是看见圆月的时候。

相反，地球和月球、太阳形成直角的时候就是“上弦月”和“下弦月”的时候。

这时，月球和太阳的引力无法聚集到一起，潮汐力最弱。
哐当
没有力气……

“上弦月”是指月球的右边为半月的时候，

“下弦月”是指月球的左边为半月的时候。

涨潮和退潮的高度差，
称为“潮差”
或“潮幅”。
涨潮
潮差
（潮幅）
退潮

潮差在潮汐力最强的时候
表现得最大。
潮汐力
潮差

因为如果潮汐力最强，海水会大量涌入并大量退去，
使满潮和干潮变大。
潮汐力

潮汐力最强
是什么时候来着？

没错！就是朔月和
望月的时候。

因此，潮汐在朔月和望月的时候最大。
我们把它叫作
“大潮”。
Let's go

所以大潮是在
朔月和望月时
产生的喽。

相反，如果潮汐力最弱，潮差便会
减小。
这又是什么
时候呢？
上弦月和
下弦月时。
潮汐
力

因此上弦月和下弦月的时候，
潮差最小。

我们把
它叫作
“低潮”。
所以在上弦月和
下弦月时会产生
低潮喽。

潮汐现象不仅受到月球，还受到太阳的万有引力的影响。
过来！
万有引力

想要考察这一影响，就要考虑到地球和月球、太阳三个天体间相互吸引的关系。

对于这一问题，牛顿在《原理》第一册用定律66和它所附带的22条辅助定律来进行详细的解析。

《原理》第一册的定律66是这样开始的：
原理

假设三个物体之间相互牵引的力与距离的平方成反比。

进一步假设这三个物体是地球、月球和太阳，

如果与距离的平方成反比的力是万有引力的话，
万有引力

就可以计算出潮汐力的大小。
嘿！
潮汐力
万有引力

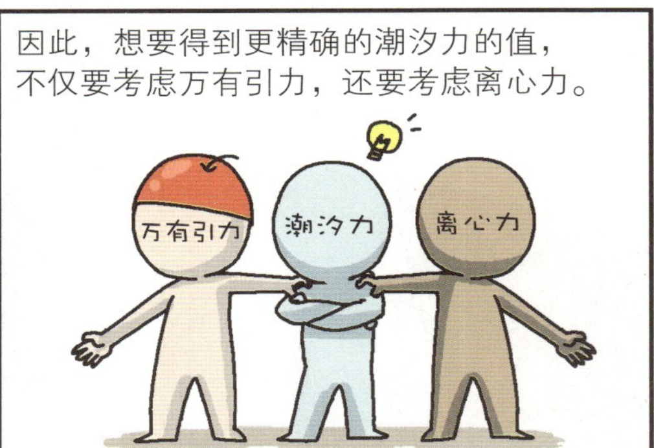

用这种方法进行计算的话，便会得到“潮汐力与距离的立方成反比”这一结果。

距离×距离×距离

潮汐力

“与距离的平方成反比”和“与距离的立方成反比”，两者中哪一个受距离的影响更大呢？
距离^2
VS
距离^3
与距离的立方成反比的情况。

这说明，与万有引力相比，潮汐力对距离有更敏感的反应。
万有引力
潮汐力

潮汐力也和万有引力一样，与质量成反比。
潮汐力
1t.

但是因为对距离更敏感，
潮汐力
距离

所以比太阳更接近地球的月球，对地球潮汐现象的影响更大。

虽然太阳比月球的质量更大，

但因为太阳离地球很远，

所以它对地球上潮汐的影响要比月球弱。

第10章 关于彗星
彗星：围绕太阳或是质量较大的行星沿着椭圆或抛物线轨道进行旋转的小天体，隶属太阳系。也叫作“扫帚星”。

古人认为彗星是诡异的天体。
嗖——
那是什么呀？
惊讶

在人看来，大部分天体会在同一个地方停留，
像北极星一样，天空中的无数星星都如此。

站在地球上，不可能看到其他天体呼呼公转的样子。
像太阳系内的行星和卫星那样。

所以可以充分地预测出水星、金星、火星、木星、土星等行星，月球等卫星，以及太阳等恒星的运行路线。
那颗星星几天后移动到这边了。

就是说，可以预测出在阴历十五左右它们大约会移动到哪里，寒冬季节又会经过哪个地方。
所以也能制作出春、夏、秋、冬的星座图。

但是彗星不是那样。

带着尾巴在宇宙空间内游荡的彗星，
也被称作“扫帚星”。

夹着长长的尾巴飘动着，当大家快忘记它的时候，冷不丁地在天空中出现一次，待上几天或几周，
嗖——
是彗星！

突然又消失了。
没了……

与总是按照一定路线运动的天体的运动方式完全不同。

这就足以扰乱古人的心。
那颗星到底是什么？
真奇怪。

很久以前，人们喜欢根据天空中的天体来占卜个人或国家的吉凶祸福。
星辰坠落了，国家有大事要发生了啊。

这被称为“占星术”。西方是最早发展占星术的，占星术士也得到了极高的待遇。

但是占星术士对彗星的这种不规则运动也感到非常困惑。
嗯
嗯……

他们是这样说的：
彗星是天神生气后派下来的死神！
哎呀！

因此，彗星成了人们害怕、恐惧的对象。

原来人们把彗星看成是会带来厄运与灾难的不吉利的天体啊。

例如，如果彗星的尾巴扫过地球，即使看起来只是路过，

……

人们也会认为是彗星在尾巴处放射出毒气，而引起大骚动。
哇哇

古人把彗星看成是不吉祥的东西，
喀
喀
喀

与它不平凡的长相有关。

回想一下彗星在黑暗的天空中悠然地飞行的样子。
嗯
前面是像雾一样朦胧的球形头，
后面飘着长长的尾巴，肆意地在天空中游荡。

古人把彗星这种样子想象成，
只有头部、没有身体的女人，
像疯女人一样披散着长长的头发，
在夜晚的天空中到处游荡，让人心情很是不爽。

哎哟，光听一听就起了一身鸡皮疙瘩！

彗星的英语comet
comet

也是从象征着“长发”的希腊语而来的。

也有一些人将彗星比喻成长剑，
叮—

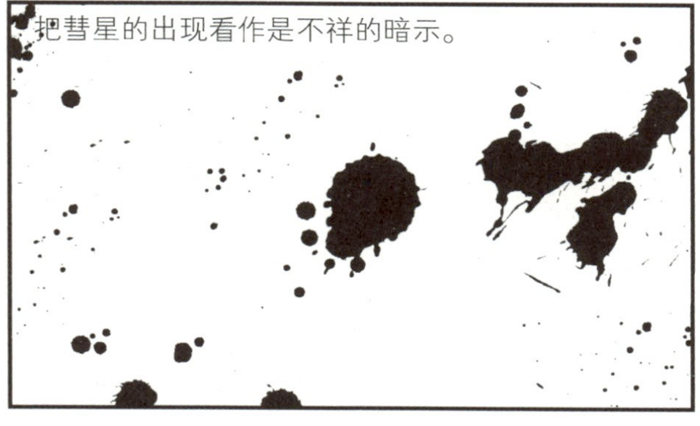
把彗星的出现看作是不祥的暗示。

暗示着台风要来，

或是海啸要来，

或是要发生大地震，

或者会有旱灾，

抑或是瘟疫爆发的象征，

或是有大灾难要发生，要小心。

总认为彗星是打败仗的征兆，

或是国王、王后去世的征兆。

我从书上和电影中看到过这样的场面。

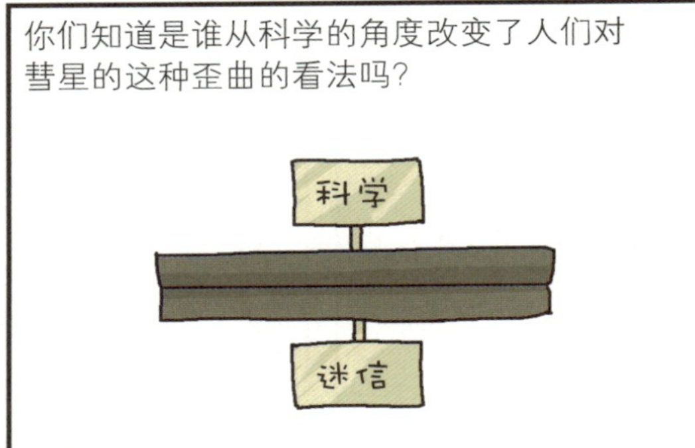
你们知道是谁从科学的角度改变了人们对彗星的这种歪曲的看法吗？
科学
迷信

难道，是牛顿吗？

没错，就是牛顿。
是我呀！

牛顿在《原理》第三册中对彗星进行了说明，第一句话就是这样写的。
彗星位于比月球更远的地方，位于行星区域。

这说明彗星位于比月球更高的地方。

我们所看到的彗星很明显就是在月球上方的宇宙空间飞行啊。
所以这不是理所当然的事实吗？
肯定是理所当然的。

既然是理所当然的事实，就没有必要再说了吧……
爱一定要用语言表达出来吗？

即使这样，牛顿还是用语言表达了，为什么呢？
嗯……

像牛顿这样的天才不应该只是因为有趣才说的，
一定是有必要才说出来的吧？
没错！

想要知道牛顿说这句话的理由，

就要先见一见某个人。
是谁呢？
噔噔噔

不管怎样，亚里士多德说出了以下豪言壮语。

在亚里士多德看来，地球边缘的空间是神明居住的空间。

在前面不是说过了嘛，天空是高贵而神圣的地方。
原来还记得啊。

我也说过那里一定会有某种运动的，这个也记得吗？
是圆周运动。

咔——
我没有白写这本书啊！真满足！
请继续解释吧。

但是，在亚里士多德看来，

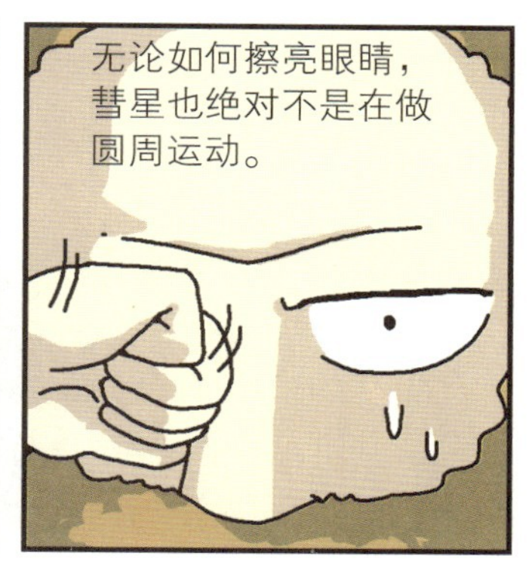
无论如何擦亮眼睛，彗星也绝对不是在做圆周运动。

就是啊，该怎么办呢？
哎呀，它到底为什么这样啊？

那么，是不是就不能把彗星看作天体了呢？
没错。

所以只有一个选择！亚里士多德下了这样的结论。

“彗星是位于地球大气最顶层的发光气体产生的现象。”

原来是把彗星看成类似“鬼火”的东西啦。

牛顿写出“彗星在比月球更高的地方运动”这句话，旨在指出亚里士多德的分析是错误的，他还在《原理》第三册中这样解释道：

彗星一定受到太阳的向心力的作用。

牛顿在《原理》第三册中这样附加道：
在彗星接近我们时，彗星的运行轨道在火星、金星轨道的内部。
金星
地球

接着，又这样说道：
1607年的彗星和1618年的彗星通过了太阳和地球之间，1664年的彗星经过了火星轨道的内侧，1680年的彗星经过了水星轨道的内侧。
1618年
1680年
水星
1607年
金星
1664年
地球

这说明彗星是太阳系内部自由运行的天体。

彗星不是人们所想的那样可怕而奇异的魔鬼，
砰

也不是天神生气后派下来的死神，

更不是大气中飘浮着的鬼火。
嘎吱
嘎吱

原来牛顿用天文观测资料指出了亚里士多德的想法是错误的。

如果说彗星像其他天体一样，受到太阳的万有引力作用而运动的话，
come on, baby.

彗星也应该像那些天体一样旋转啊。
那又是什么意思呢？

就是说彗星也应该像地球、火星一样，按照椭圆轨道运动。

对此，牛顿在《原理》第三册中这样说道：
彗星以太阳为中心，按照圆锥曲线进行运动。另外，从太阳到彗星间的半径所扫过的面积与时间成正比。

“从太阳到彗星间的半径所扫过的面积与时间成正比。”
这不是开普勒第二定律所说的内容吗？
是的。

那个我知道，但是圆锥曲线又是什么？

知道什么是圆锥吗？
就是像冰激凌的模样吧。
…

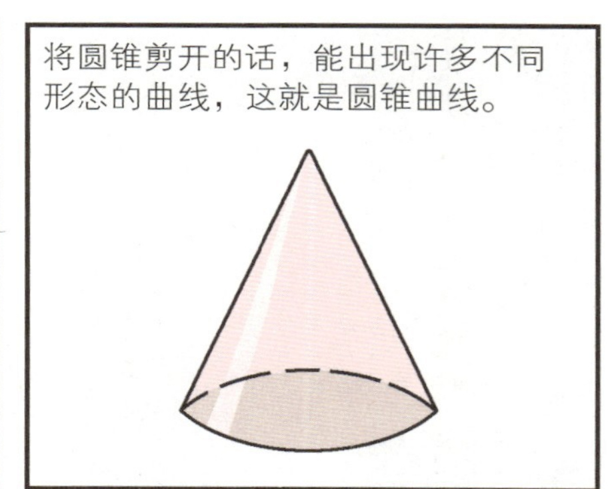
将圆锥剪开的话，能出现许多不同形态的曲线，这就是圆锥曲线。

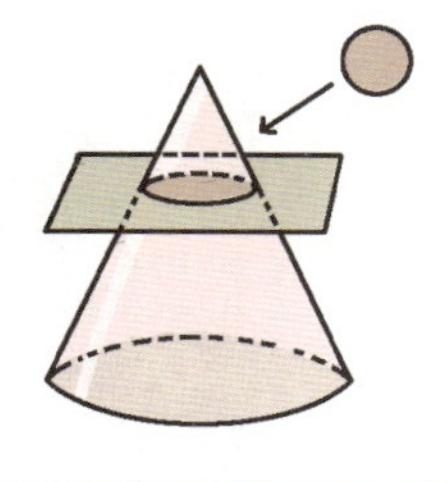
在圆锥的中间按照与地面平行的方向剪开的话，会出现圆。

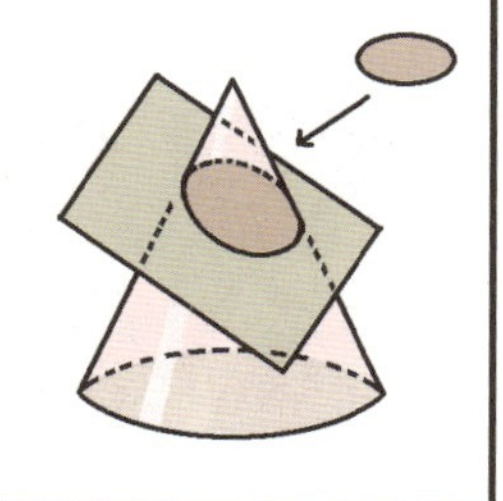
倾斜着剪开的话，会出现椭圆。

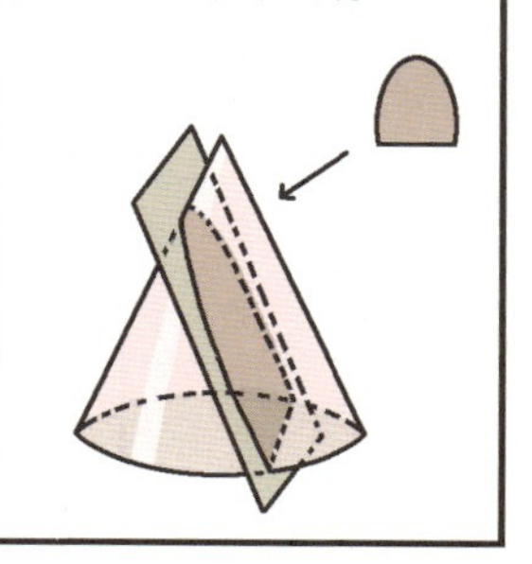
更倾斜地剪开，便会出现抛物线。

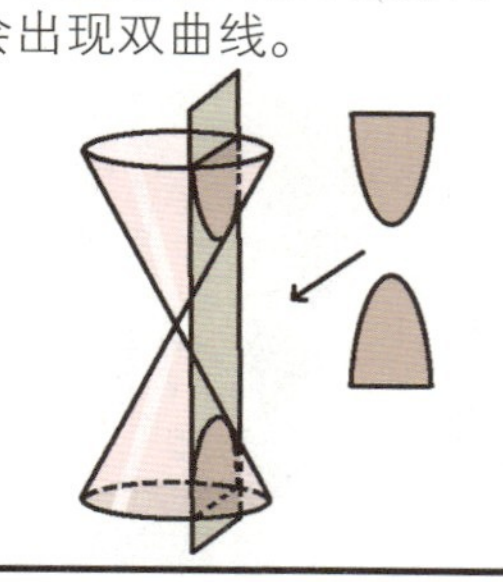
将两个圆锥顶端相对，以垂直地面的方向剪开，会出现双曲线。

牛顿在《原理》第三册中这样写道：
彗星运行的圆锥曲线是接近于抛物线的椭圆轨道。

要问这是什么意思，
嗯嗯……

就是说彗星虽然是按照椭圆轨道运行，

但它的运行轨道非常大。

轨道大的话，转一圈所需要的时间
是短
还是长？

长。
没错！需要非常长的时间。

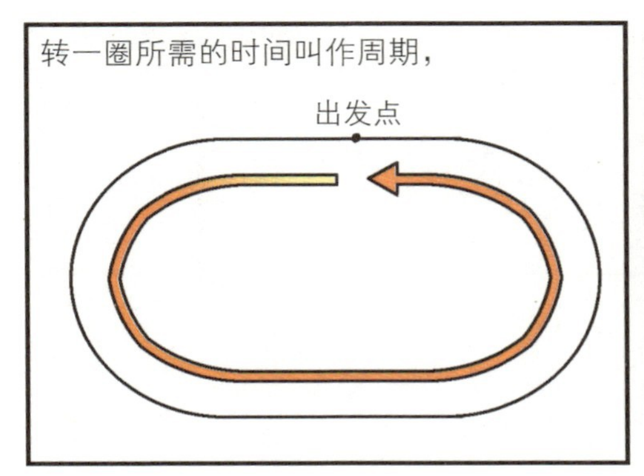
转一圈所需的时间叫作周期，
出发点

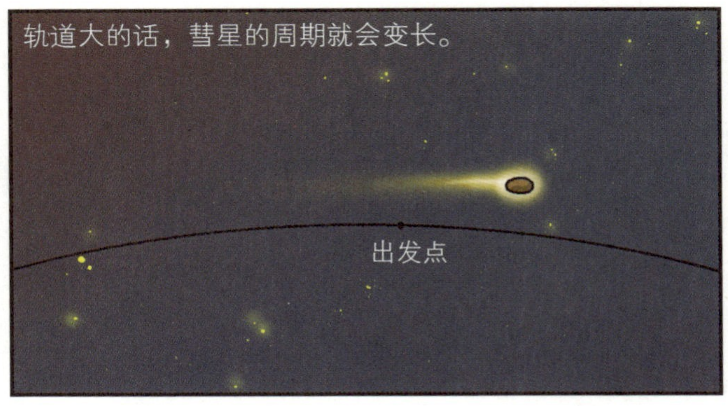
轨道大的话，彗星的周期就会变长。
出发点

彗星的周期越长，就越难再看到它。

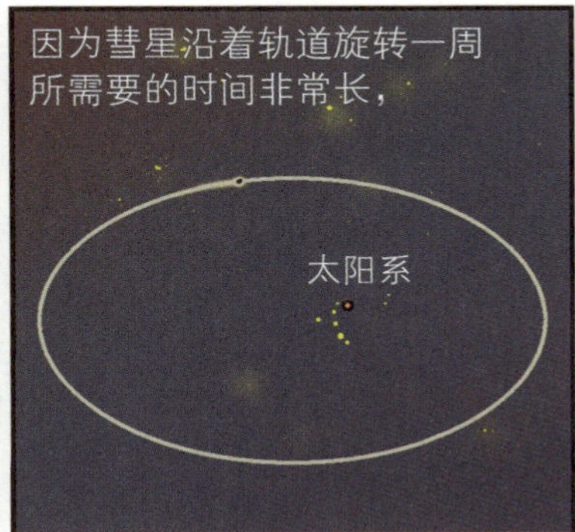
因为彗星沿着轨道旋转一周所需要的时间非常长，
太阳系

几十年对人类来说是非常长的时间，

但对于彗星来说并非那样。
彗星周期为几十年是非常普遍的情况。

几十年几乎包含了人生的黄金期，竟然说这是普遍的！

实际上彗星的周期是非常长的。
哇啊—

如果人类的平均寿命是80岁，人的一生中是很难两次看到相同彗星的。

彗星是太阳系家族中运动幅度最宽的天体。
像月球这样的卫星围绕着地球这样的行星旋转，
行星又围绕着太阳公转，
所以卫星和行星的运动可以用一般的天文望远镜观测出来。

但是彗星却不是这样的。
周期，本来就——
非常长。
啊——

每一个彗星的周期都不一样。
我的周期更长。

几百年的周期是属于比较短的了。
每500年一圈。

500年前？那是古代吧！

别忙着惊叹。彗星中还有周期长达数十万年的呢。
总有一天我会回来的！

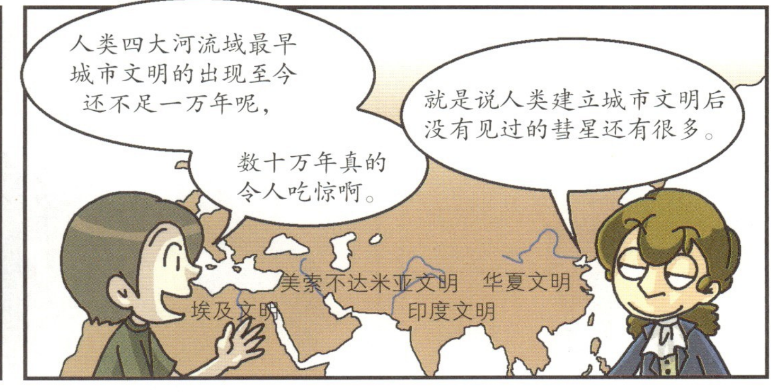
人类四大河流域最早城市文明的出现至今还不足一万年呢，
数十万年真的令人吃惊啊。
就是说人类建立城市文明后没有见过的彗星还有很多。
美索不达米亚文明
华夏文明
埃及文明
印度文明

所以古人才认为彗星是与我们在太阳系中
经常见到的水星、金星、月球等天体不同的。
可以充分理解。

几十年、上百年，甚至是数十万年才出现一次，
又很快消失的天体很难被看作是太阳系家族的
一员。

但是彗星分明
就是太阳系的
一员嘛。
没错。

那么，就应该让
大家相信啊。
说得对。

只靠嘴巴来说，彗星是太阳系
家族的一员，人们是不会
相信的。
是的
是的
什么？
彗星也是太阳系
的家族成员！

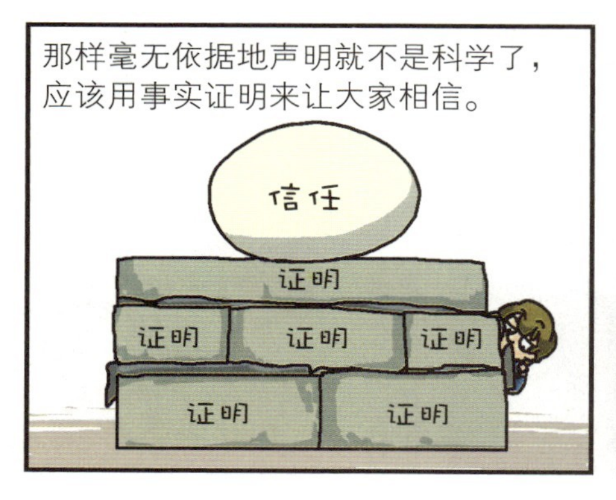
那样毫无依据地声明就不是科学了，
应该用事实证明来让大家相信。
信任
证明
证明
证明
证明
证明
证明

证明它的人是……
没错，是牛顿
证明了它！

说我也没错……

却不是想要的答案。

牛顿从理论上证明了它，现在想要
说的是用实验的方式证明它的人。

那是谁呢？
是一个为我写作
《原理》一书做出过
不少贡献的人。

那个人就是哈雷。
好久不见。

牛顿总是很自信地说《原理》可以充分推测出彗星的运动。
?
怎么做呢?
给点关注呗……
唰唰
我知道你昨晚做的事情。

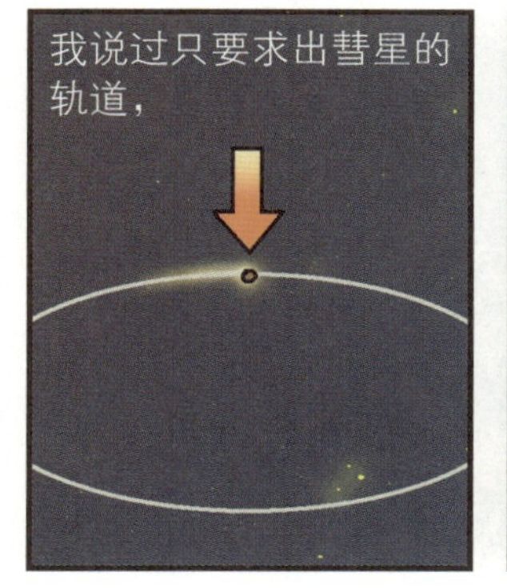
我说过只要求出彗星的轨道，

就能准确知道彗星经过哪里，

以多快的速度运动，

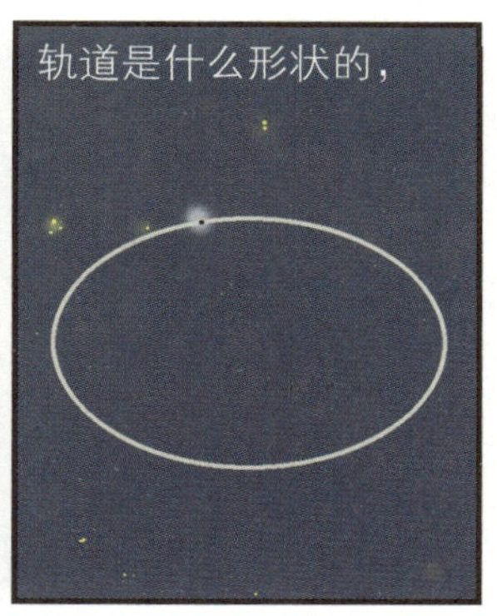
轨道是什么形状的，

与太阳有多接近，

何时还会再出现，
8月
1988

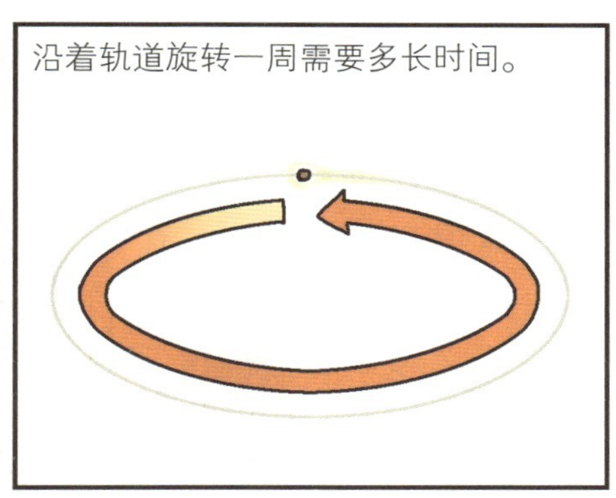
沿着轨道旋转一周需要多长时间。

就这些吗?
当然不是了。

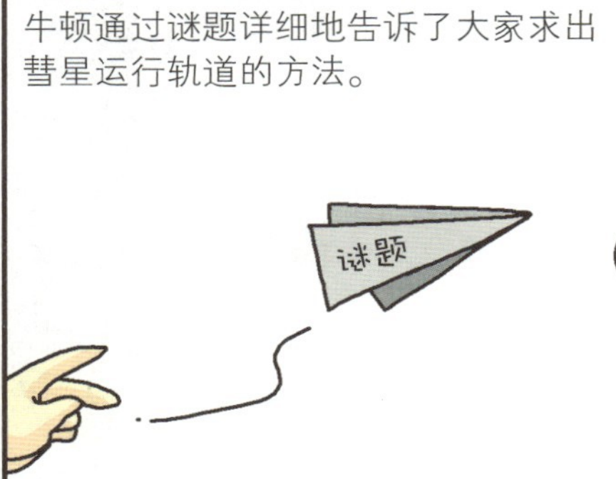
牛顿通过谜题详细地告诉了大家求出彗星运行轨道的方法。
谜题

想知道是什么样的谜题。
当然了，那不是单一答案，而是经过详细解说后的混合答案。
会有答案的吧?

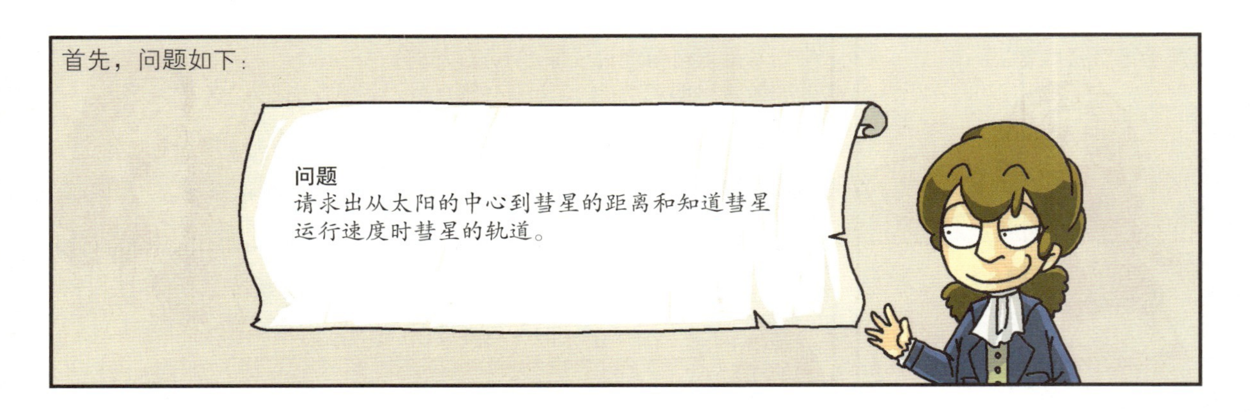
首先，问题如下：
问题
请求出从太阳的中心到彗星的距离和知道彗星运行速度时彗星的轨道。

读了《原理》一书的哈雷对牛顿的话深信不疑。
噢噢

于是哈雷便开始研究彗星的轨道。

之后在1705年，他用牛顿在《原理》中说明的方法成功计算出了彗星的轨道。

哈雷仔细研究计算出轨道，并在其中发现了一个惊人的结果。
这是？！

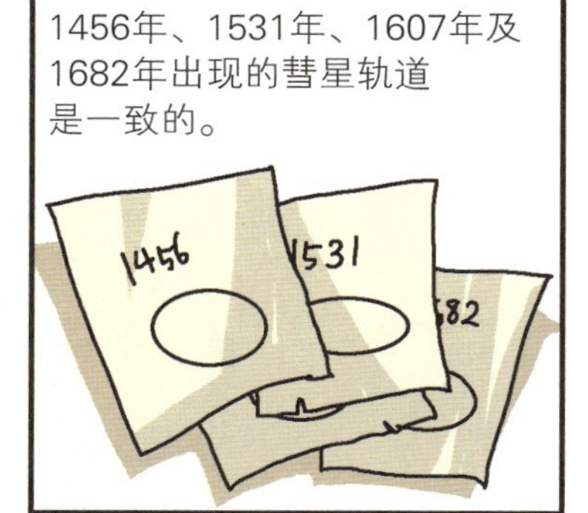
1456年、1531年、1607年及1682年出现的彗星轨道是一致的。
1456
1531
682

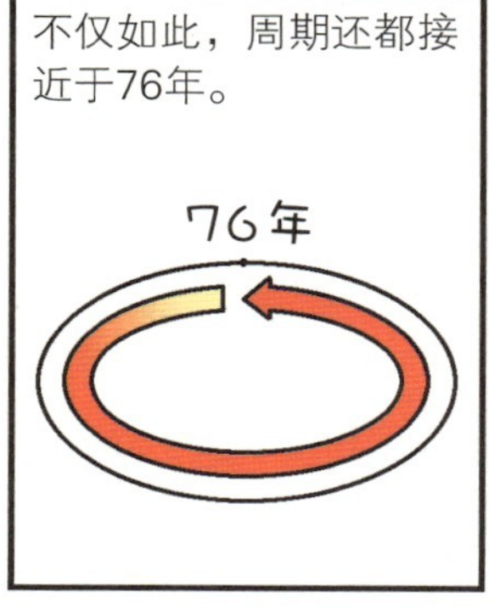
不仅如此，周期还都接近于76年。
76年

哈雷认为这应该是同一颗彗星。

于是便推测出大约76年后的1758年，这颗彗星会再次出现。1758年圣诞节那天，这颗彗星真的出现了，正中了哈雷的预测。
嗖——
这颗彗星就是著名的哈雷彗星。
哈雷彗星是具有代表性的沿着椭圆轨道运行的周期性彗星。76年为一周期，是具有代表性的短周期彗星。

遗憾的是，牛顿和哈雷都没有机会见证这个具有纪念性的事件。
真的是76年啊！

应该是在他们去世后才发生的事情吧。

虽然没有亲眼看见这伟大的瞬间，哈雷却再次证明了牛顿的万有引力定律。
因此，二人在科学史上永远地留下了名字。

太阳系的流浪客

彗星的栖息地

太阳系的家族成员中有一种是流浪客，它就是彗星。彗星与太阳系的其他成员如地球等行星、月球等卫星不同，不是总能看得见。它从遥远的地方消失后，某一时刻又会再次出现，所以被称作“太阳系的流浪客”。

▲哈雷彗星

彗星的样子是这样的：作为核心的头部下方，带有长长的尾巴。彗星原本是由冰和气体形成的球形模样的天体，我们所看到的样子是由于它接近太阳而变形形成的。接收到太阳的热量，冰块融化，水蒸气和气体一起挂在后面摇摆，这样便产生了挂着长长尾巴的现象。

彗星每出现一次，就会因为太阳的热量而融化、变小。如果按照这一方式继续变小的话，最后就会消失，彗星的数量也会渐渐减少。如果再考虑到地球的年龄大约为46亿岁，这一推测会更有说服力。随着地球年龄的增长，访问地球的彗星应该会减少一两颗。但奇怪的是，每年观测的彗星数量和大小却没有变化。

对于这一现象，科学家提出了各种观点。美国天文学家柯伊伯（Gerard Kuiper，1905—1973）提出，在太阳系外存在许多彗星，它们组成了一个带，称为“柯伊伯带”。可以确定的是，柯伊伯带存在于海王星的边缘。

荷兰天文学家奥尔特（Jan Hendrik Oort，1900—1992）也发表了与柯伊伯带相似的意见。在太阳系外的行星上存在着彗星休息的地方，这被称为“奥尔特云”。奥尔特云的存在也是被确认的。

但是，柯伊伯带和奥尔特云是不是就是创造新彗星的地方，或者是彗星休息的家呢？如果真是那样的话，到底是哪种说法可能性更大呢？目前尚没有明确的定论。

▲柯伊伯带

▲奥尔特云

第11章 重力

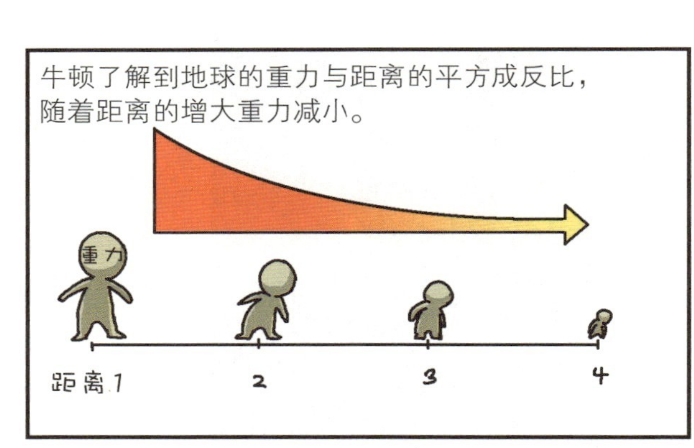

牛顿了解到地球的重力与距离的平方成反比，随着距离的增大重力减小。
重力
距离1
2
3
4

这不就是向心力，
并从这里引出了万有引力吗？
GD

除此之外，牛顿还发现了重力的其他事实。
重力观察
重力报告书
重力
关于重力的事实
想了解重力
重力的秘密
重力的
重力的真相
关于重力

那么，这里有一个问题。
?
?

地球的重力在地球的任何地方都一样吗？

是的，我认为只要是在地球上，无论哪里都是没有区别的。

为什么那么认为呢？

虽然重力随着距离的变化而改变，
重力
噔噔噔

但只要是在地球上的话，距离就没有什么变化呀。
所以我认为地球上的重力都是一样的。

例如，月亮或是星星距离地球很远，所以
重力的大小有所变化。

但是地球上的物体因为并未脱离地球，所以重力是不变的，
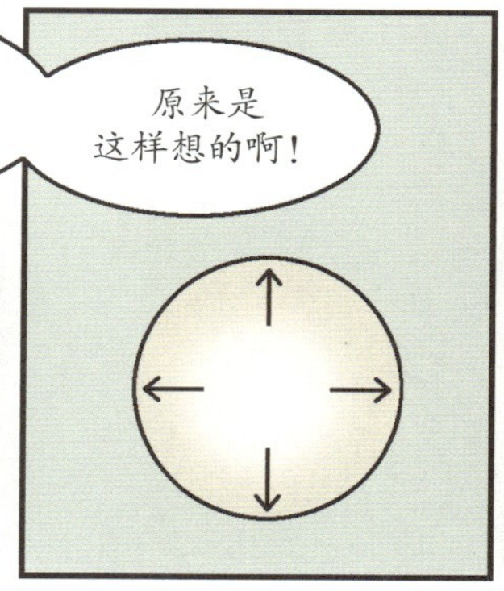
原来是这样想的啊！

那么你认为在首尔和纽约测量出来的重力大小也应该一样吧？
首尔
纽约

当然了！无论是首尔，还是纽约，都在地球的表面，所以重力是不可能不同的。
地球表面

看来回答得很自信啊。
当然了，因为很确信嘛。

但是，事实并非如此。

不只是首尔与纽约，

巴黎和格陵兰岛
所测量的重力都
不同。

真的吗？
到现在为止，
你看过我说谎吗？

要问为什么会出现这样的结果，那是因为测量
重力的基准并不是在地表。

是说我们所踩的地面并不是
测量地球重力的基准吗？
没错。

不管我们怎么在原地咚咚跳跃，
咚
咚
咚

也绝不会跳出
地球外，这是
为什么？
啊——

这当然是因为
地球的引力
作用啦。
这个力就是
重力。

地球的重力方向是向着地面的，
也就是说，地球的重力是在地面
分散的。

那么，地球的重力只有地面
才有吗？
地面
地下

是在问我地底下是
否也有重力吗？
是的。
好像是
没有的。

如果地球的重力只在地表展开的话，地底下是绝对不会受到重力作用的。
地表
因为没有重力，当然是那样的了。
无重力状态？

即使是把地面挖开，向地下走，也绝对不会掉下去，是这样吗？
地表
应该是吧，因为没有重力的作用。

那么，把地面挖开，向地下走的人会飘在中间吗？
像在无重力空间一样。

呃，不是吧？
当然不是了，那么这么想象一下如何？

从地表向下走的人反而会被向上拉起。
嘭

为什么？
分散在地面的重力，
当然会将他向地面的方向拉喽。
重力
地表

噢，这说得也对啊。

但是，这种事情绝对不会发生。

您做过实验吗？
说什么呢。

看看在矿井中工作的矿工吧。
当
当

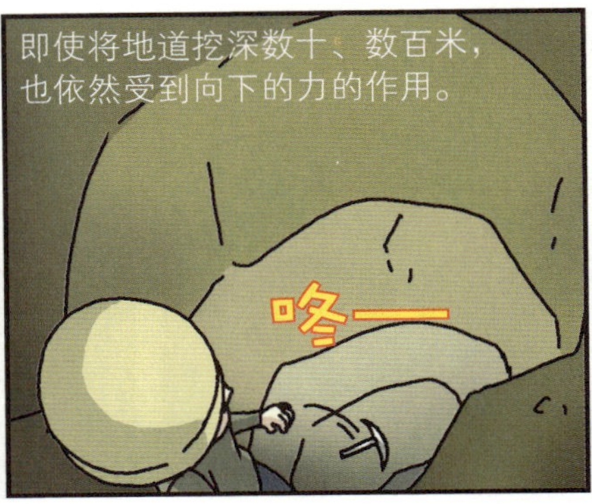

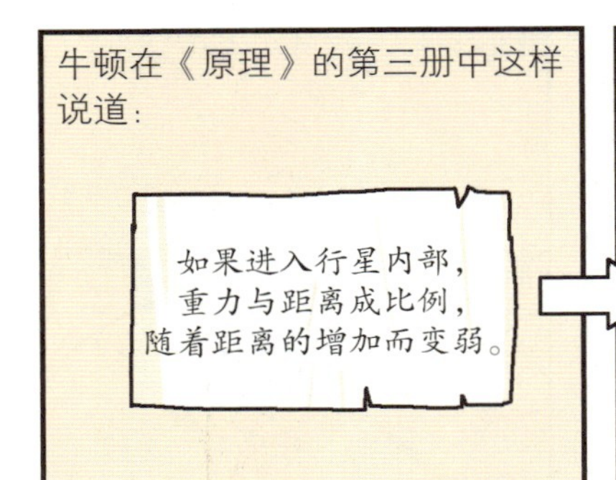

因为地球也是行星，将这句话换成地球的话就是：

如果进入地球内部，重力与距离成比例，随着距离的增加而变弱。

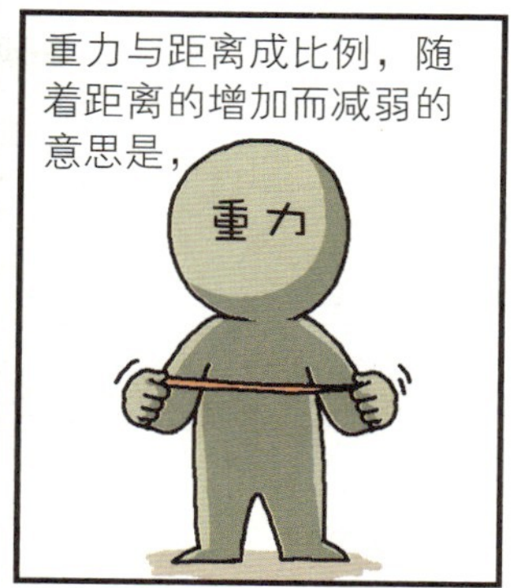

距离增加到2倍的话，重力减小1/2；距离增加到3倍，重力减小到1/3；距离增加到4倍，重力减小到1/4；距离增加到5倍，重力减小到1/5。

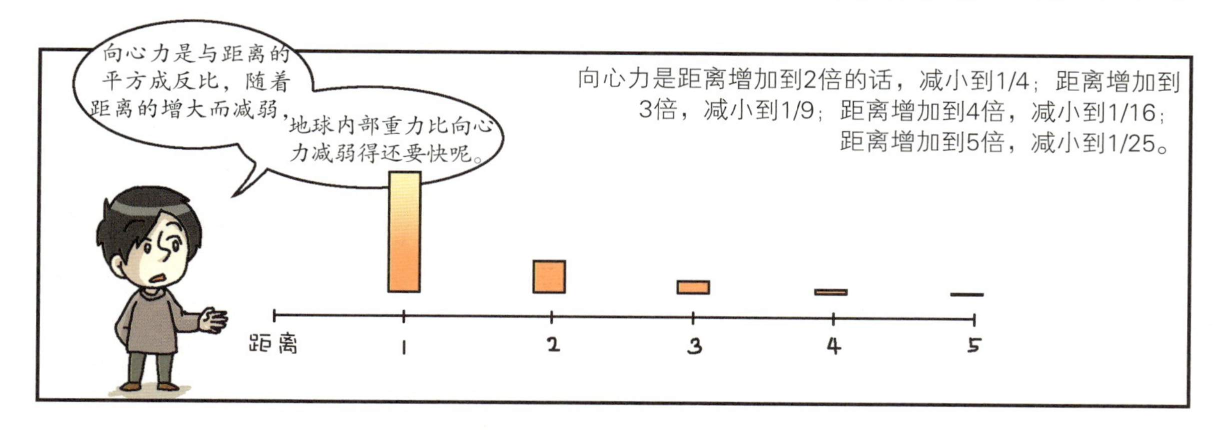

向心力是距离增加到2倍的话，减小到1/4；距离增加到3倍，减小到1/9；距离增加到4倍，减小到1/16；距离增加到5倍，减小到1/25。

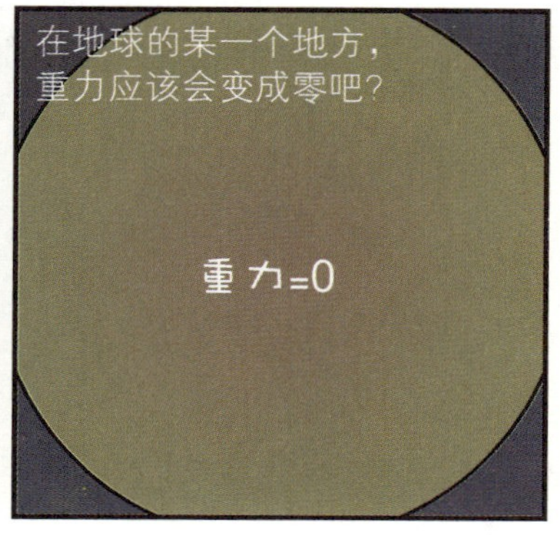

嗯，是地球的中心。
噢，真让人惊讶啊，回答正确！

越向地球内部走，重力越弱，所以重力在地球最底部的地方应该是最弱的。

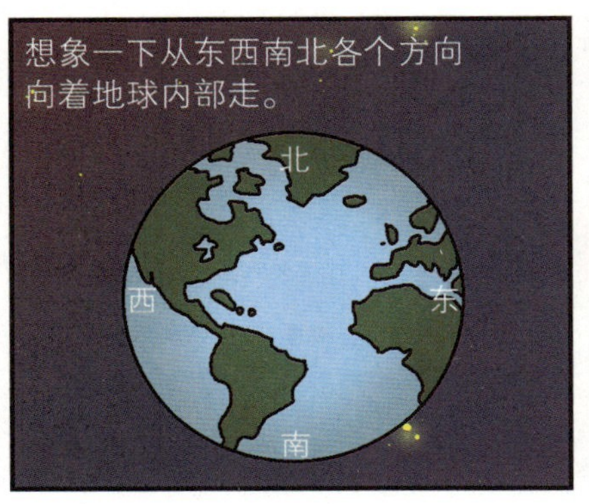
想象一下从东西南北各个方向向着地球内部走。
北
西
东
南

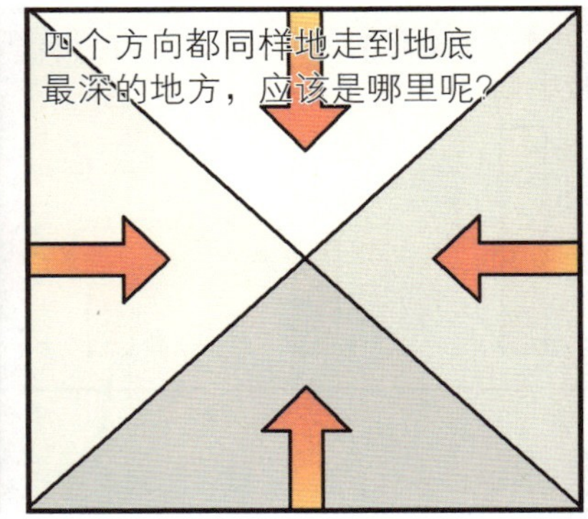
四个方向都同样地走到地底最深的地方，应该是哪里呢？

就是地球中心！

地球中心算是地球最底部的地方。
圆的内部最深的地方就是圆心嘛。

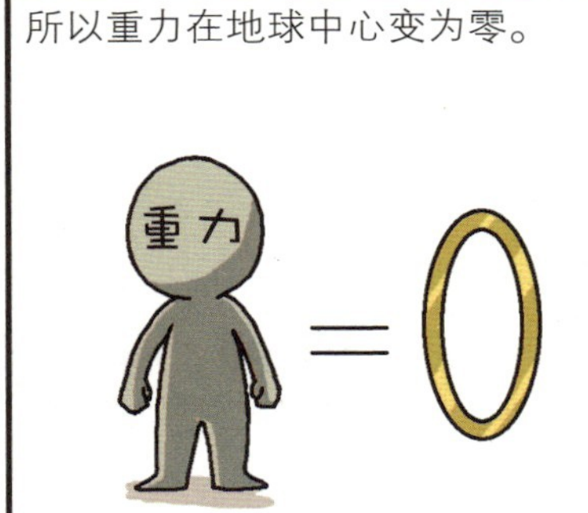
所以重力在地球中心变为零。
重力

重力为什么会在地球的中心变为零，可以这样类推。

想象一下，假设我站在地球的中心，

那么在我周围平均分布的重力会拉着我吧？
惊讶

西面的力也拉着我，
啪
北面的力也拉着我，
啪
南面的力也拉着我，
啪
东面的力也拉着我。

那么想一想，从东面和西面受到的拉力大小相同呢，还是不同呢？
嗯……

相同，因为距离是相同的。
方向如何呢？
方向相反。

用大小相同的力分别向东面和西面两个相反的方向拉我的话，
我会向哪个方向移动呢？
不会向任何一个方向移动的。

如果想向东面移动，就会受到西面的重力的阻碍。
西
东

如果想向西面移动，就会受到东面的重力的阻碍。
西
东

所以我只能静静地站在中间。
喀喀
我不会被向东或向西的任何一个方向的力拉走。

南面和北面也一样，虽然拉力的大小相同，方向却是相反的。
猛拽

所以，南面或是北面的拉力无论有多大，我也不会被拉向任何一方。
哇啊啊！

这次我依然保持静静地站在地球中心的状态。
……

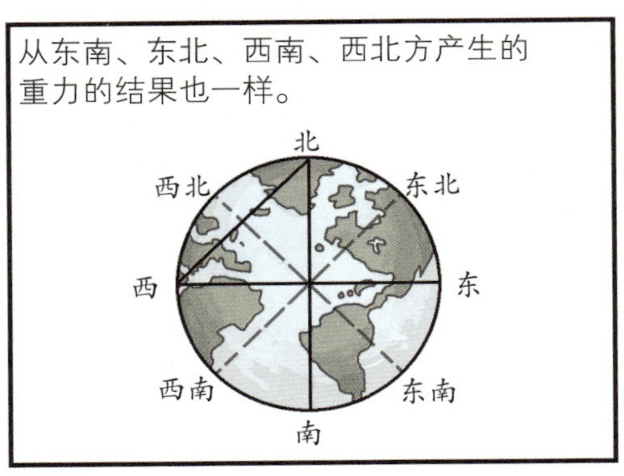
从东南、东北、西南、西北方产生的重力的结果也一样。
北
西北
东北
西
东
西南
东南
南

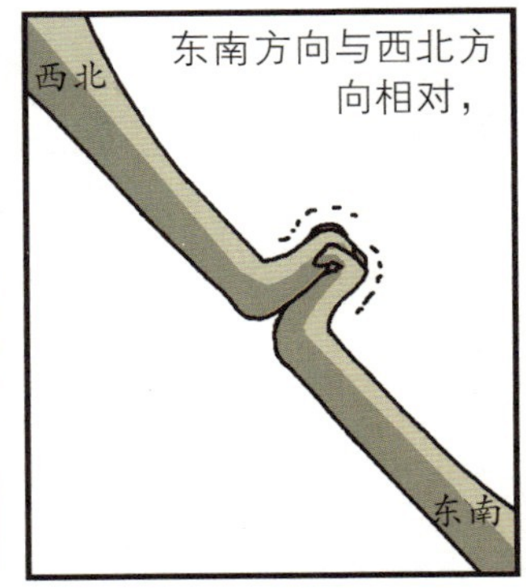
东南方向与西北方向相对，
西北
东南

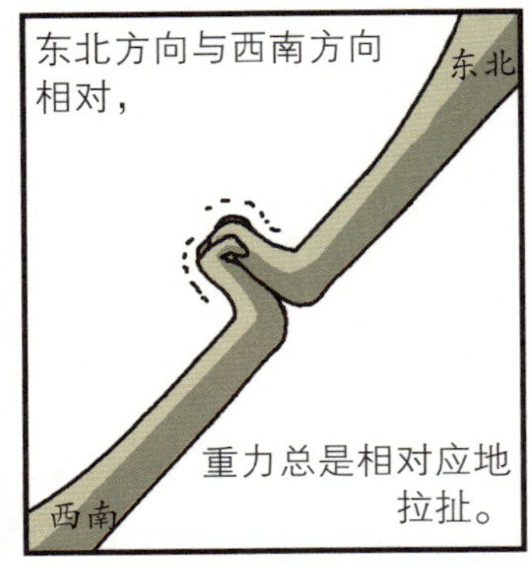
东北方向与西南方向相对，
东北
重力总是相对应地拉扯。
西南

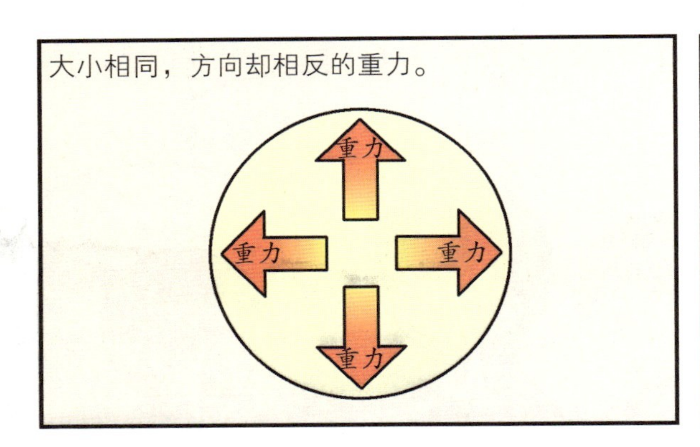
大小相同，方向却相反的重力。
重力
重力
重力
重力

所以在地球的中心不会向任何一处移动。

这与在地球的中心不受重力的作用一样呢。
因为是零。

这叫作重力为零。因此地球中心的重力为零。
重力=0
地球中心

从零开始出发，这样测量起来才会比较容易。
0m

100米田径比赛的出发点为0米，马拉松的出发点是0米，400米自由泳的出发点也是0米。

那么，地球重力的起点该定在哪里比较好呢？
重力为零的地球中心。
就是那里。

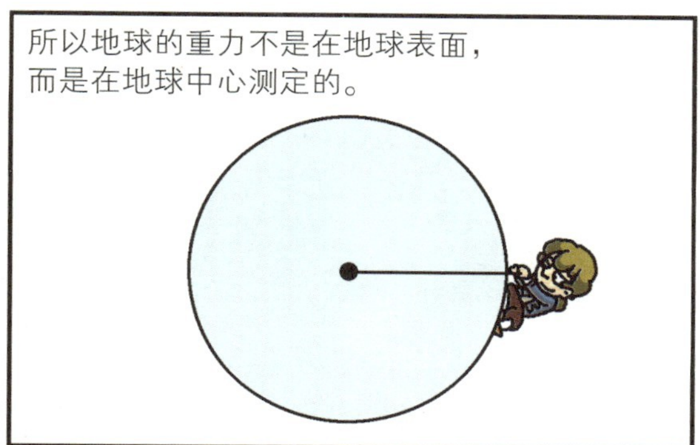
所以地球的重力不是在地球表面，而是在地球中心测定的。

牛顿说过地球是一个椭圆形球体吧。
那就是地球椭圆体！

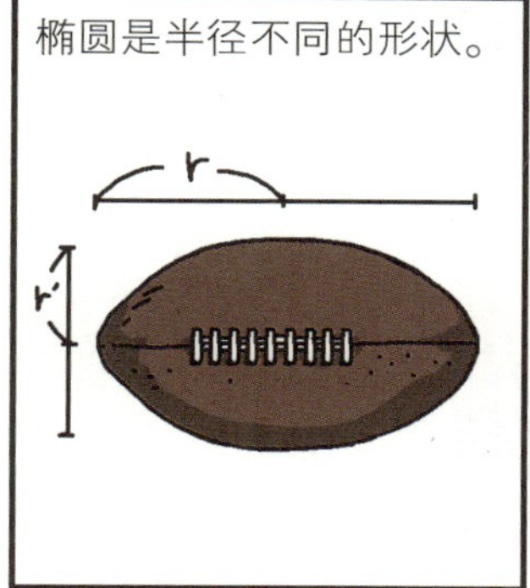
椭圆是半径不同的形状。
r
r

就是说从地球中心到地球表面的距离不同。

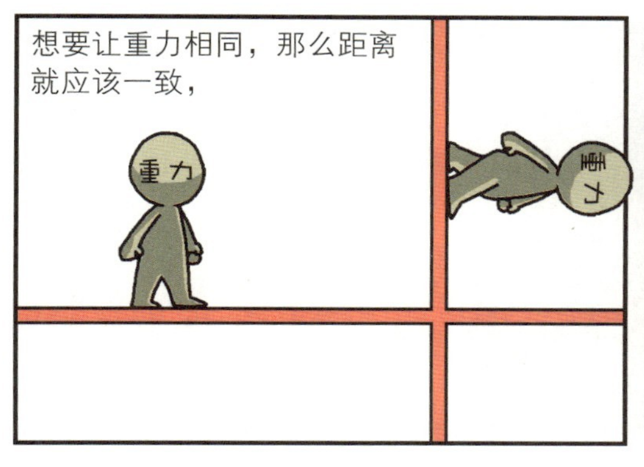
想要让重力相同，那么距离就应该一致，
重力
重力

因为距离并不相同，所以地球每个地方的重力都不同。
原来如此。

牛顿在《原理》第三册中强调，在考虑重力的时候，一定要考虑到从中心开始测量距离。

向心力是从天体的中心发出的。而向心力与从天体的中心开始测量的距离的平方成反比。

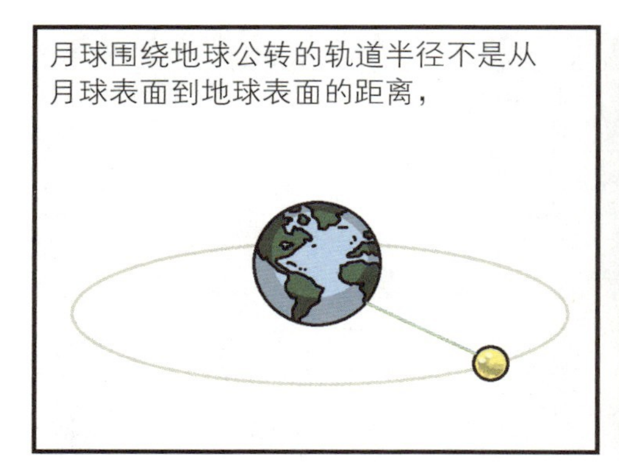

科学中重要的是？
没错，就是证明！

牛顿在《原理》第一册中对此做了详细的证明。

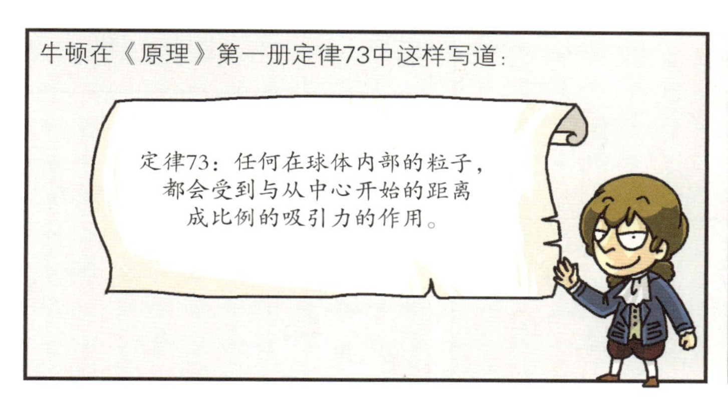
牛顿在《原理》第一册定律73中这样写道：
定律73：任何在球体内部的粒子，都会受到与从中心开始的距离成比例的吸引力的作用。

如果把“粒子”换成“人”，把“球体”换成“地球”的话，就与前面说明的情况完全符合了。

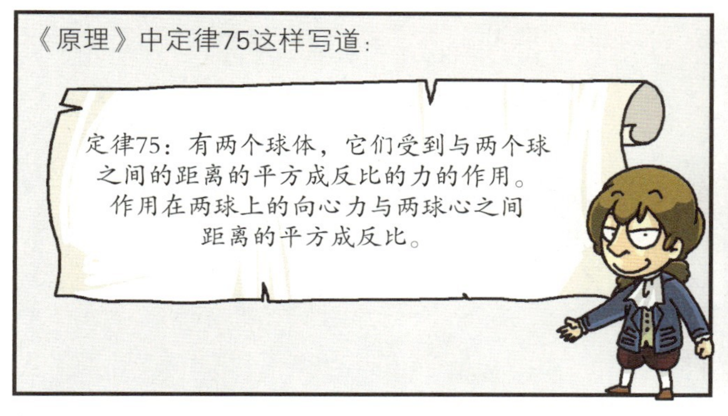
《原理》中定律75这样写道：
定律75：有两个球体，它们受到与两个球之间的距离的平方成反比的力的作用。作用在两球上的向心力与两球心之间距离的平方成反比。

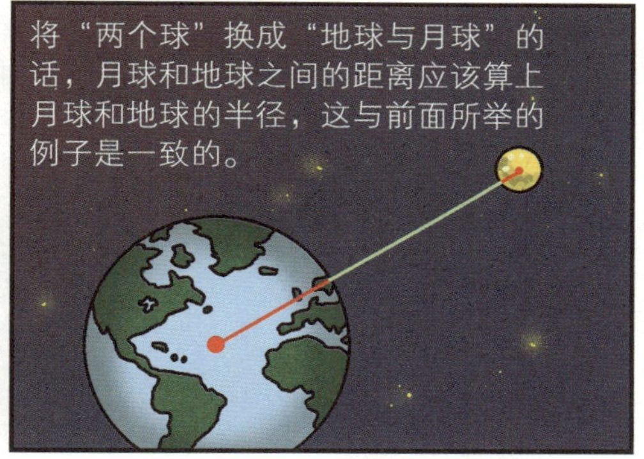
将“两个球”换成“地球与月球”的话，月球和地球之间的距离应该算上月球和地球的半径，这与前面所举的例子是一致的。

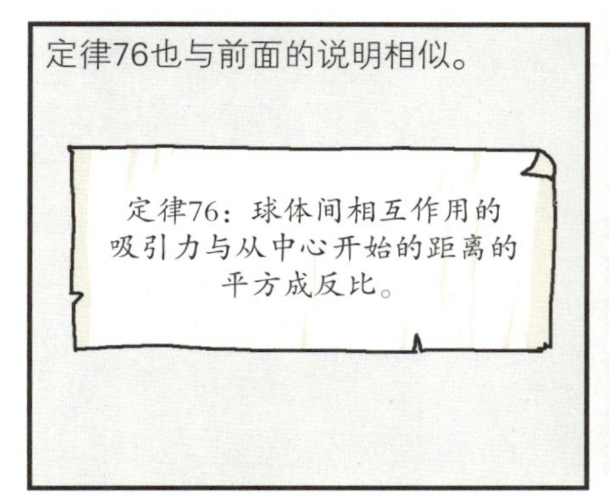
定律76也与前面的说明相似。
定律76：球体间相互作用的吸引力与从中心开始的距离的平方成反比。

如果说球体就是地球和月球的话，与前面所得的结果一致。

继续看《原理》一书，定律73、定律75、定律76下方都各自附带了证明定律的说明。
这个省略！

那么，我们来看一看几个不同的城市，
重力的大小是如何变化的？
带着地球仪
跟我来。

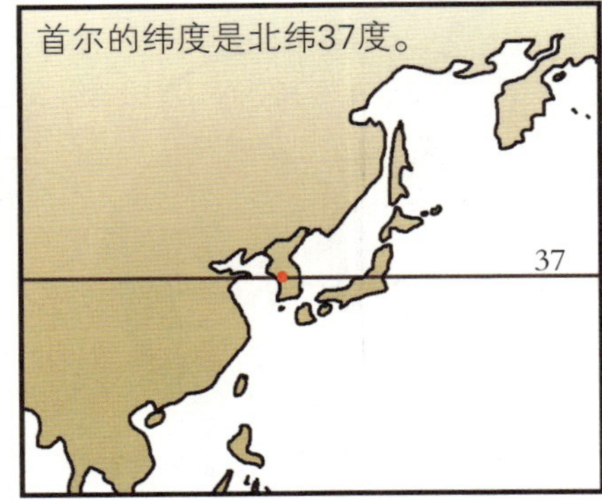
首尔的纬度是北纬37度。
37

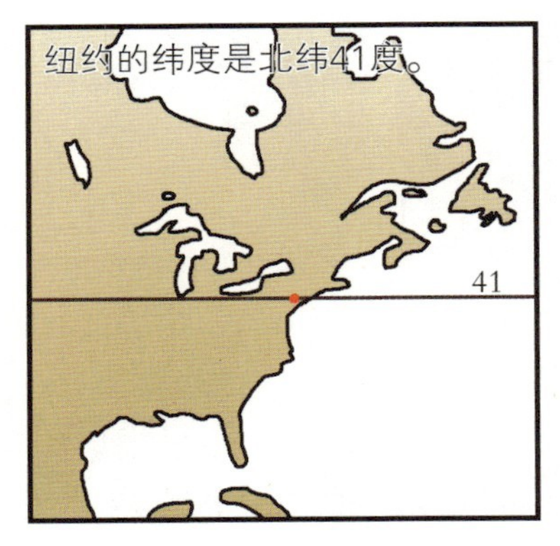
纽约的纬度是北纬41度。
41

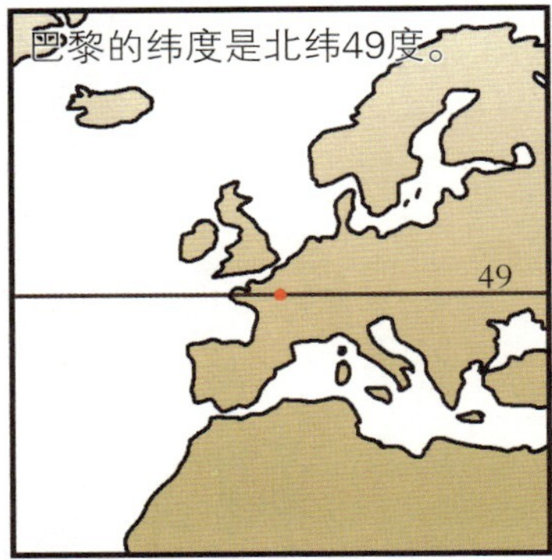
巴黎的纬度是北纬49度。
49

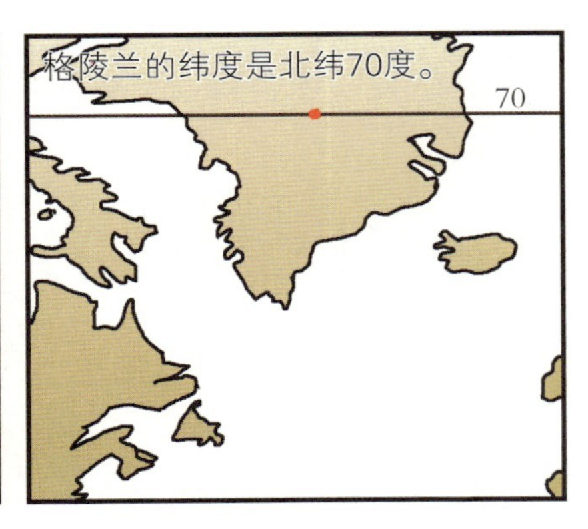
格陵兰的纬度是北纬70度。
70

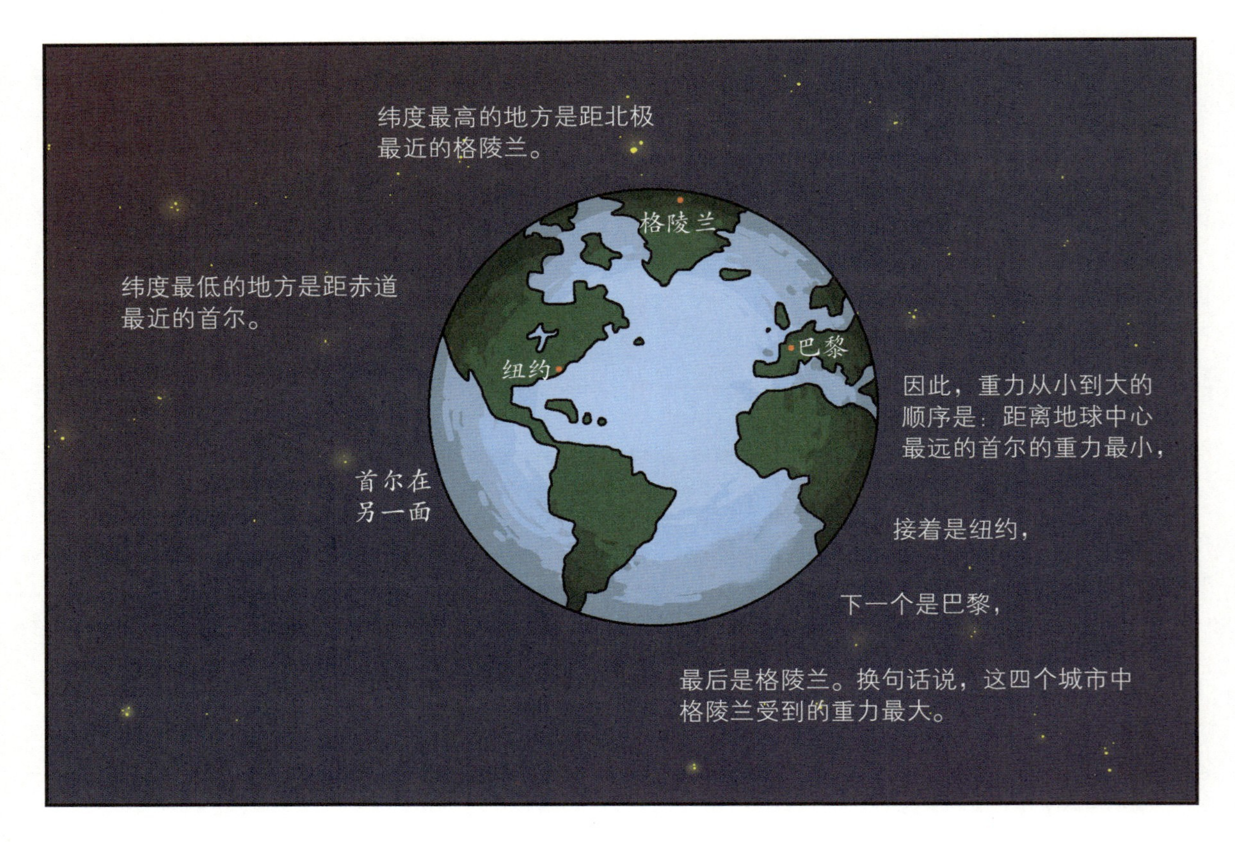
纬度最高的地方是距北极
最近的格陵兰。
格陵兰
纬度最低的地方是距赤道
最近的首尔。
巴黎
纽约
首尔在
另一面
因此，重力从小到大的
顺序是：距离地球中心
最远的首尔的重力最小，
接着是纽约，
下一个是巴黎，
最后是格陵兰。换句话说，这四个城市中
格陵兰受到的重力最大。

牛顿在《原理》第三册中指出了地球的重力在每个地方都存在着类似的差异。
重力

并通过实验向大家证明了它的正确性。

是什么样的实验呢？

是使用谐振子的单摆实验。
谐振子又是什么呢？
是人的名字吗？末子、淑子、振子？

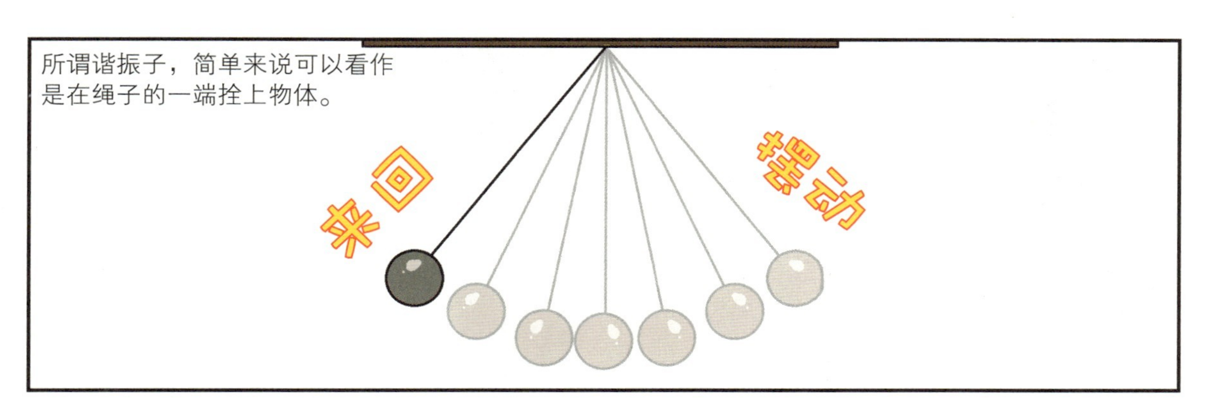
所谓谐振子，简单来说可以看作是在绳子的一端拴上物体。
来回
摆动

是像钟摆那样的吗？

没错，钟摆也是谐振子的一种。

挂钟内的钟摆是向左右来回运动的吧？
呼
呼

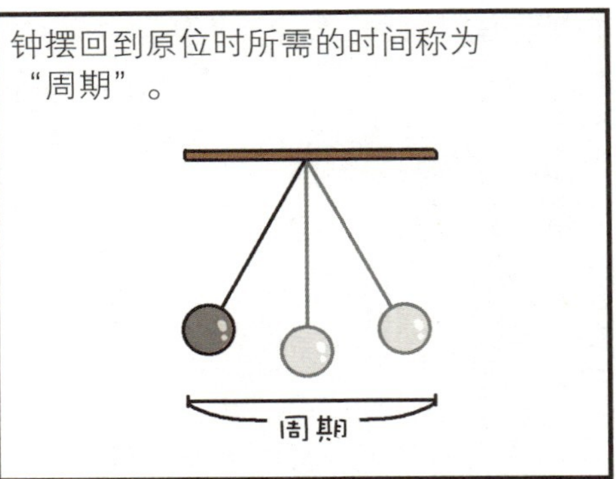
钟摆回到原位时所需的时间称为"周期"。
周期

天体公转一周，所需要的时间不是也称为周期吗？

周期并不是只限定在天体上使用的词语。
所有做再次回到原地的运动的物体
都可以使用。
无论什么？

例如，波浪的周期、

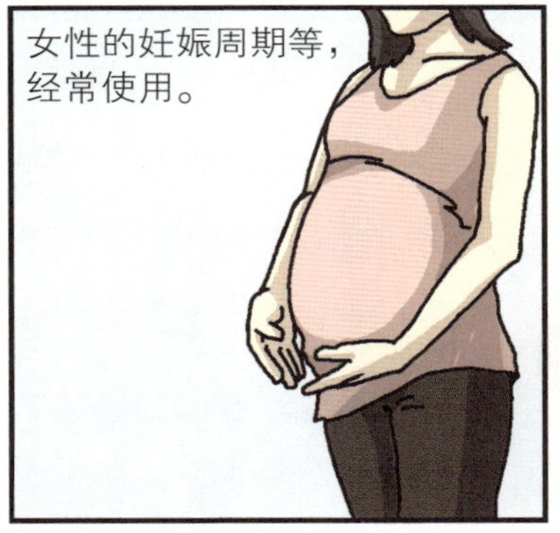
女性的妊娠周期等，经常使用。

这样看来，似乎是经常听到这个词呢。

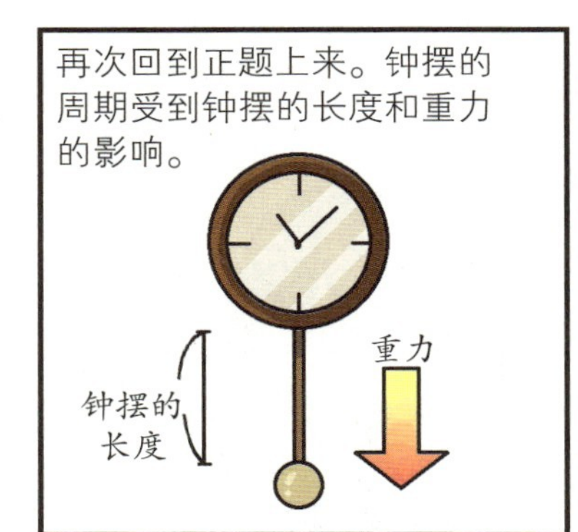
再次回到正题上来。钟摆的周期受到钟摆的长度和重力的影响。
钟摆的长度
重力

长度短的话，周期也会短，钟摆返回到原地所需的时间也会相对变短。

重力弱的话，周期会变长，钟摆返回到原地所需的时间也会相对变长。

牛顿说赤道处的振子，长度应该短些。
赤道

由于赤道附近的重力弱，周期会变长，

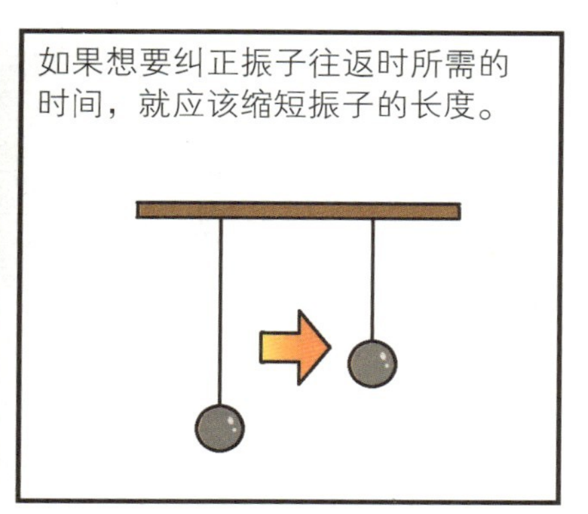
如果想要纠正振子往返时所需的时间，就应该缩短振子的长度。

牛顿介绍了哈雷的经验作为证据。
嗯？我的经验？

我的朋友哈雷1677年左右到达了圣赫勒拿岛，
圣赫勒拿岛
赤道
圣赫勒拿岛

他发现与伦敦相比，时钟的单摆运动变慢了。

于是他缩短了时钟的摆杆长度。

牛顿准确计算出了纬度和摆杆长度间的关系，并将其制成了表，

记录在《原理》第三册中。
啪

人们以此为参考，保证了时钟的摆杆长度和时间的准确性。

没有重力的作用

无重力空间

▲航天员

在宇宙空间中，即使杯子掉了，水也不会洒出来；即使将牙刷翻过来，牙膏也不会掉下来。这是因为它们不受重力的影响。我们把像这样的没有重力作用的空间称为“无重力空间”。

在无重力空间内会发生很多地球上从未见到过的现象。在地球上扔棒球的话，球会划出抛物线，最终掉下来，但是在宇宙空间的话棒球是一直前进的。不仅没有重力的作用，也没有摩擦力的作用，因此一旦运动起来，就会保持着这一速度，一直前进。

在宇宙空间内无须行走，如果在宇宙空间停留时间太长，腿部肌肉会变得软弱。所以长时间停留在宇宙中的航天员回到地球上后要进行走路练习。不仅如此，据说如果在宇宙空间停留时间太长，血压也会下降，心脏收缩的次数也会减少。

“无重力状态”用英语表示为weightless state。但是严格地说，weightless state是指没有重量的状态，即“无重量状态”的意思。

无重量就是没有重量，而无重力是指没有重力。就拿自由落体的电梯内的物体为例，在电梯下降期间，时间虽然很短，却会形成无重量状态，感受不到物体的重量，但是重力却是依然存在的。

像这样，无重量状态和无重力状态是有差异的。这样一来，将weightless state翻译成无重力状态，可以说是翻译上的“美中不足”吧。

虽然说在宇宙空间内没有重力，但严格追究的话，这种表达也不够准确。重力的源泉是物质，而天体是物质的结合体。这些天体存在于宇宙的任何地方。即，有天体存在的宇宙空间，也都有重力的存在。

第12章 《原理》的结尾
很遗憾！

现在似乎到了《原理》该结尾的时候了。
刚开始看《原理》时，用一句话说就是喘不过气来……

想着该如何去理解这本写满了公式的书呢。
黑压压

现在学到了很多，感觉非常充实。
离心力
向心力
万有引力
你学到了很多，那么我解释的意义也会变大两倍的！
哈哈哈

在第9章“关于潮汐”中不是解释了一天中有两次潮汐现象的理由吗?
应该会有疑问吧。

让我来猜猜是什么呢?
请讲。

在地球背对月球的一面,
为什么也会产生涨潮现象,应该对此有所疑问吧?
没错。

现在,我就来说明一下这个理由。

牛顿说过,涨潮发生的原因是由于月球与地球间的万有引力的作用。
他说过月球的万有引力拉动地球上的海水,发生涨潮现象。
万有引力

如果按照牛顿的说明,位于与月球相对一侧的海水被拉向月球方向,这一点很容易理解。

是的,这一点毫无疑问。
因为月球有万有引力的吸引。

是的,问题在于地球的另一面。

虽然月球用万有引力来吸引,但是位于地球另一面的海水,

为什么却是向着与月球相反的方向涌去呢?
拍打

我也认为这有些奇怪。

月球的万有引力，无论谁看都是拉力，而不是推力。
万有引力

那么，地球背对月球的一面不应该发生潮汐现象。

由于海水会被拉向月球的方向，不应该是海水水面上升，而应该会陷下去。

如果不是涨潮，而是退潮的话，反而会好理解。
虽然那样会很不错……

实际上，即使万有引力是向着月球的方向作用，位于地球另一侧的海水却不是向着月球的方向运动，而是被拉向相反的方向。
哗哗
万有引力

那么，为什么会出现这种现象呢？

或许是有其他力作用的缘故吧？
没错！

意思是说，地球背对月球的一面除了万有引力，还受到其他力的作用。
?

如果地球只受到月球的万有引力作用，地球另一面的海水也应毫无例外地被拉向月球方向。

但并非如此。
究竟还有什么力在作用呢？

是一种可以与月球方向的万有引力相抵消的力！
这种力就是：

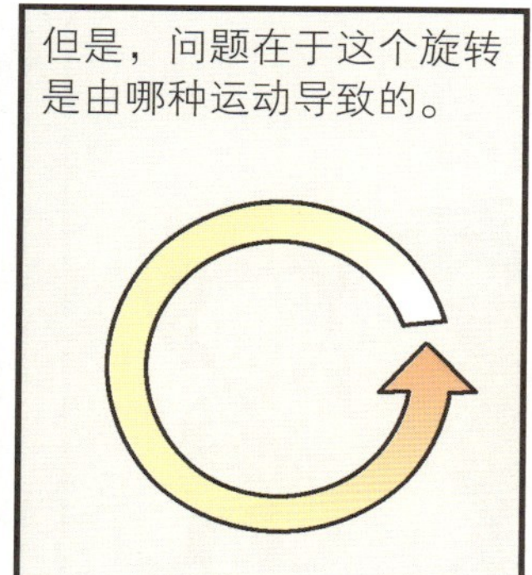

但是地球发生的涨潮和退潮现象，并不只是地球自己引起的。

是说还有月球
万有引力的
作用吧？
是的，地球的潮汐现象是
地球和月球共同作用产生
的自然现象。
所以要同时考虑
地球和月球的运动。

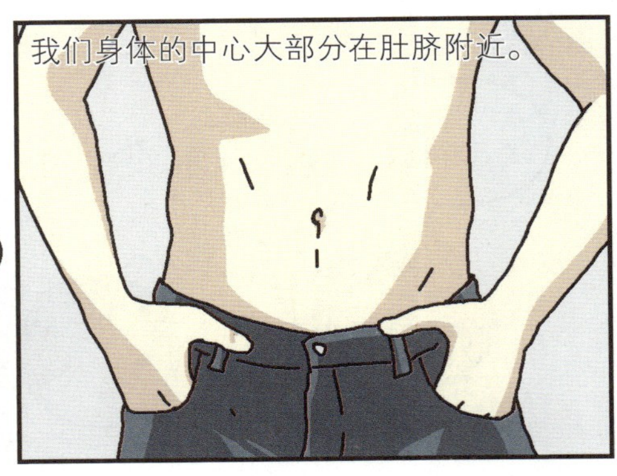
我们身体的中心大部分在肚脐附近。

我们把它叫作质量的中心，
或重量的中心，简称重心。
这里我用重心
来表示。

有两个学生分别叫作承炫和
大成，假设他们二人的重心
都在肚脐附近。
重心
重心

如果承炫将大成抱起，两个人的重心
会怎样变化呢？

原来的肚脐附近还是重心吗？
不是，
那样的话，
重心就有两个了，
不可以吧。
没错，
重心变了。

现在，承炫和大成的肚脐附近不再
是他们的重心了。

因为两个人合到了一起，
从而产生了一个新的重心。
嗯

这叫作“公共重心”。
公共重心？

地球和月球的重心也一样。当地球和月球独自运动时，只考虑地球和月球各自的重心就可以了。

但当地球和月球共同协调运动时，就像寻找承炫和大成的公共重心一样，也要寻找地球和月球的公共重心。
地球和月球的公共重心会在哪里呢？

假设承炫和大成坐在跷跷板的两边。如果两人的身体重量相同，也就不必考虑他们的公共重心了。
因为重心在跷跷板的中间。

但如果他们的身体重量不同，情况就不一样了，因为跷跷板会向身体重的一侧倾斜。
公共重心就会向一侧倾斜。
晃动

地球和月球的情况与他们相似。

如果地球和月球的重量相同，地球和月球的公共重心就在它们中间的位置。
是说在地球和月球之间的中间位置吧？

但是地球和月球的重量不一样。地球要比月球重大约80倍。
这也相差太多了……

就像我们在跷跷板上看到的那样，即使重量有一点点不同，公共重心也会向一侧倾斜。
刺溜
公共重心

但是地球和月球的重量差异足有80倍。如此大的重量差，就不能在中间附近寻找它们的公共重心了。
因为二者的公共重心几乎完全向一侧倾斜。

换句话说，地球和月球的公共重心应该向地球方向倾斜很多，甚至可能达到进入地球内部的程度。
嗖
公共重心

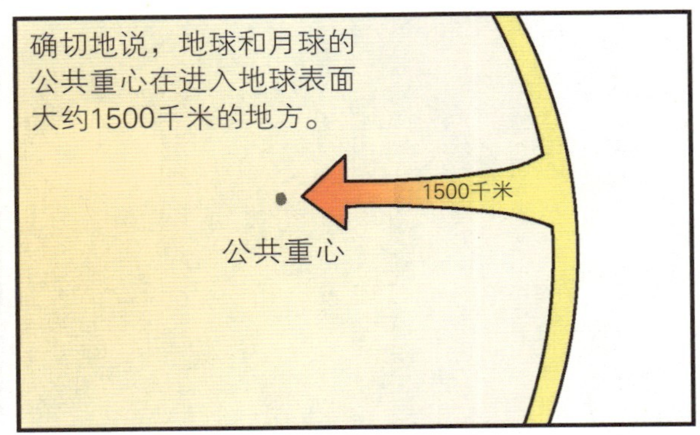
确切地说，地球和月球的公共重心在进入地球表面大约1500千米的地方。
1500千米
公共重心

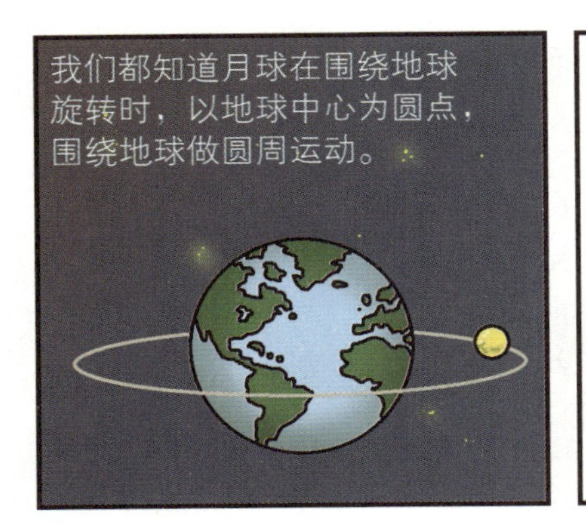
我们都知道月球在围绕地球旋转时，以地球中心为圆点，围绕地球做圆周运动。

由于地球和月球的公共重心在地球内部，所以这样看也没什么问题。
但是严格地说，这是错误的。
公共重心
月球是以地球和月球的公共重心为圆点，围绕地球公转的。
公共重心

现在来想一想月球作用在地球上的万有引力吧。月球对地球的所有地方都有万有引力的作用。
万有引力
其中具有代表性的有三个地方。

与月球距离最近的地方、地球中心和距离月球最远的地方。

与月球距离最近的地方和最远的地方就是产生潮汐的地方。

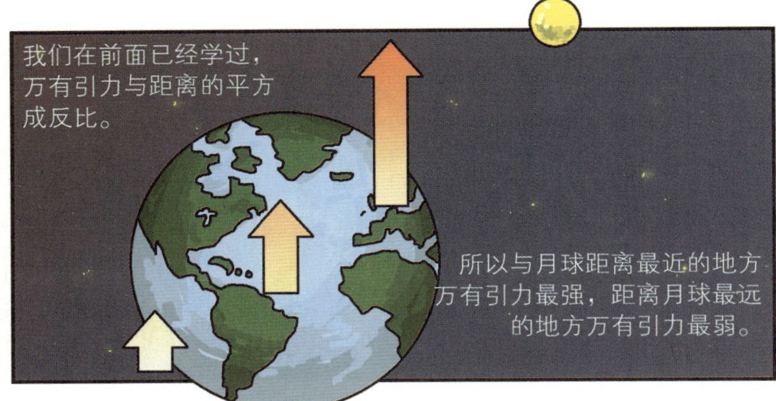
我们在前面已经学过，万有引力与距离的平方成反比。
所以与月球距离最近的地方万有引力最强，距离月球最远的地方万有引力最弱。

用箭头来表示，真是一目了然哪。

这次来想一想离心力。地球的离心力是由于旋转产生的。

离心力

呼呼——

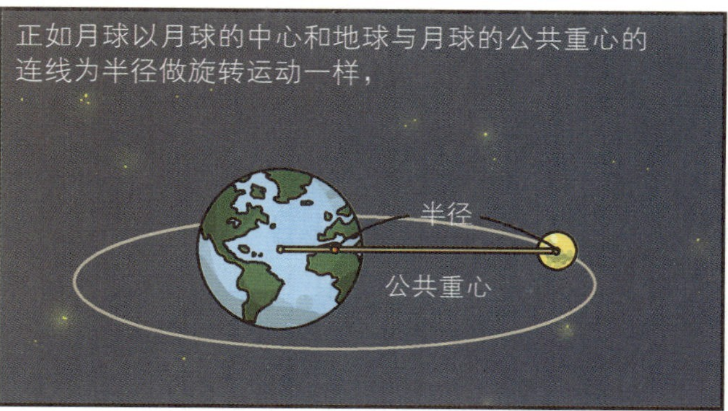

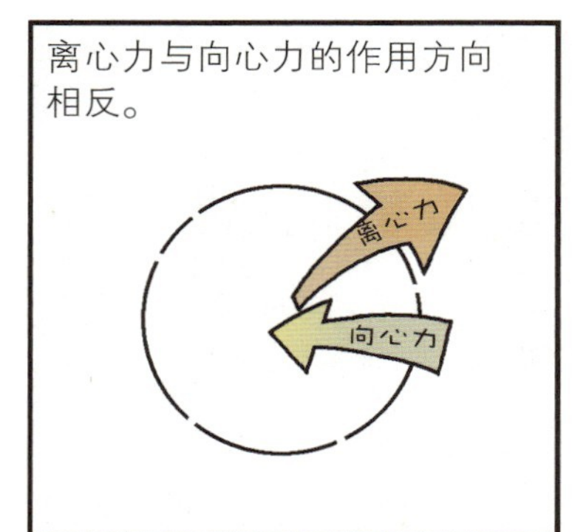

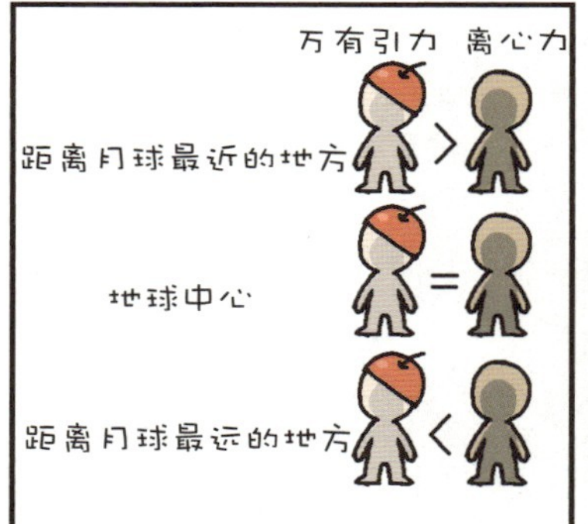

这样相加，距离月球最近的地方还会剩余少量的万有引力，地球中心则没有力，而距离月球最远的地方还会剩余少量的离心力。

距离月球最近的地方 —— 万有引力

地球中心 —— 0

距离月球最远的地方 —— 离心力

找到了能够解释自然现象的“万能药”一般的运动定律和万有引力定律，牛顿再也没有什么害怕的了。

万有引力

向着津津有味的
讨论 go！go！
我要回去！
讲坛时间
要到了，
快点吧。
救救我——
妈妈——
该放手
了吧！
出现吧，
天体！
这就是
万有引力啊。

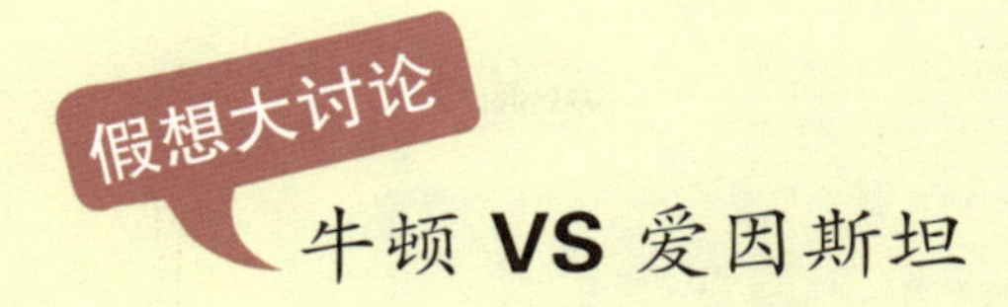

论重力

如果划时代的科学家牛顿和爱因斯坦坐到一起的话？

你说不可能？当然不可能了。两个生活在不同时代的人相遇是绝对不可能的事情。但如果是在想象中的话，难道不可能吗？

在这里我们假设两位科学家以对重力的思考为主题展开了一场假想讨论会。

让我们到二人针锋相对、展开激烈的唇枪舌剑的讨论现场看看吧！

 牛顿  爱因斯坦  主持人

重力与加速度

众所周知，二位都在科学界取得了辉煌的成绩。

谢谢！

谢谢！

二位认为自己所取得的成绩中最优秀的是什么？

我觉得应该是万有引力定律。

相对论。

我知道万有引力定律是可以用来研究重力的理论。

是的。

我只知道相对论有狭义相对论和广义相对论之分。

没错。

其中一个与重力关系非常密切吧？

看来你很清楚啊。广义相对论与重力有着密切的关系。

二位都发表了与重力相关的理论，这次讨论的主题就定为重力如何？

很好。

我也没有异议。

那么就不用尊称，开始进入讨论吧，可以吗？

好，就照你说的。

在提出相对论之前，物理学的主人公绝对是牛顿，没错吧？

当然了，从我们经常遇到的力学现象到太阳系行星的运动，我所提出的理论没有解释不了的现象。

是这样的。

到19世纪为止，牛顿物理学可以说是解释所有自然现象的万能药。

爱因斯坦，你同意吗？

同意。

那么对牛顿物理学提出疑问，应该是想都不敢想的事情吧？

到20世纪前是那样的。

这话的意思是？

我认为牛顿物理学存在着严重的问题，所以从基础开始重新对牛顿物理学进行了思考。

是关于重力的疑问吧？

当然了。

那么，你认为牛顿物理学所存在的问题是什么呢？

是重力与加速度的关系问题。

牛顿，关于加速度，你已经给出定律了吧？

当然，第二运动定律简单明了地说明了加速度问题。

其中对重力与加速度的关系也做了说明吗？

没有。

为什么？

因为重力是重力，加速度是加速度。

你的意思是说重力与加速度毫无关系吗？

是的。

爱因斯坦也是这样认为的吗？

当然不是。

那么你的意思是说重力与加速度是有关系的？

是的，而且是有着非常密切的关系。

我无法理解。

哪里？

重力是吸引力，加速度使速度发生变化，不是吗？

没错。

重力与加速度是完全不相同的物理量，但是你为什么认为二者有非常密切的关系，我是无论如何也想不通的。

在我看来，重力与加速度也是相差甚远的两个概念啊！

完全不是那样的，重力与加速度是同一个物理量。

同一个物理量？

难以置信！

必须要相信！

关于重力与加速度属于同一物理量，你通过原理或理论将其体系化了吗？

那是当然。

是什么理论？

等效原理。

所谓等效，就是相同的意思吧？

是的，等效原理是证明“加速度与重力相同”的理论。

爱因斯坦的等效原理

指的是万有引力和惯性力无法区别的原理。例如，位于正在下落的游乐设施上的人会处于无重力状态，这时，我们无法区分出是因加速而使重量改变，还是因重力而使重量改变。爱因斯坦以这一原理为基础，展开了广义相对论。

|第二轮争论|

万有引力

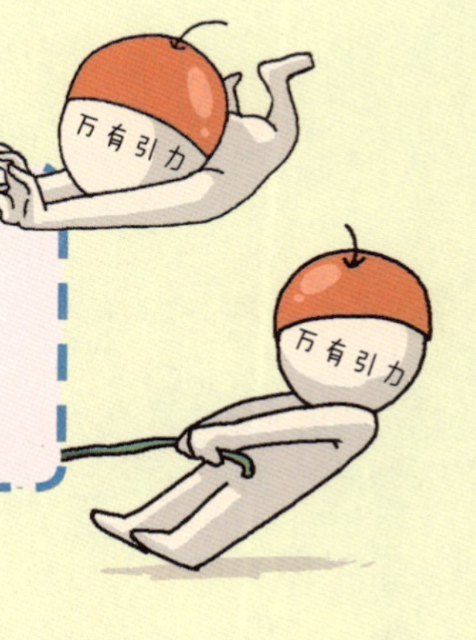

爱因斯坦，那么对于万有引力，你是如何思考的呢？

我是从根本上开始考虑的。

你认为万有引力是错误的吗？

更确切地说是需要补充和完善的。

请具体说明一下吧。

牛顿，地球和太阳之间也有万有引力的作用吧？

当然。

是如何作用的呢？

瞬间作用的。

你刚刚说的是瞬间作用？

是的。

所谓瞬间作用，指的是速度非常快的意思吧？

没错。

也可以理解成你认为速度是无限的，没错吧？

是的。

但是，这与宇宙真理不相符。

你的意思是说，“速度是无限的”与宇宙的真理不相符吗？

是的。

请说得再具体些。

我在狭义相对论中明确指出，宇宙中运动速度最快的物质是光。光的速度可以达到每秒大约300000千米。

那么就是说，光的速度应该是宇宙的极限速度了。

就是这样的，但是如果按照牛顿的说法，万有引力是瞬间传递的话，速度就应该比光的运动速度更快才行，但任何物质的速度都不会比光速更快的，这就矛盾了。

哦，原来如此！

光的速度——光速

古人认为光的速度是无限的，对于这一想法，第一个挺身而出，试图测量光速的科学家就是伽利略。但是伽利略并没有准确测量出光速。这件事由英国的物理学家麦克斯韦实现了。麦克斯韦计算出了光在真空中的速度是每秒钟300000千米。

重力与光弯曲

爱因斯坦阐明了重力与加速度一样，万有引力存在缺点，就这些吗？

当然不是。

那么，请继续说。

光是会弯曲的。

光是会弯曲的？

是的。

你同意爱因斯坦的话吗？

是的。

那么二位都认为光并不是沿直线传播的，对吧？

当然，如果周围没有任何物质的话，光会像晾衣绳一样直，这也是光的主要特性之一。

那么，你的意思是如果周围有什么东西的话，光就会弯曲？

没错，如果有天体的话就会弯曲。

我很好奇是什么理由呢？

因为光是由粒子组成的。

所说的粒子，指的是小颗粒吗？

是的，可以看作是肉眼看不见的小颗粒。

现代物理学中将形成光的粒子叫作“光子”。

再怎么小，也是会有重量的吧？

这是当然。虽然由于太小，很难感受到重量，但不管怎样是有重量的。

我理解了。

嗯，那么拥有质量的物体相互间会怎样呢？

互相吸引拉拽吧。

没错，这就是我所提出的万有引力的核心内容。天体有质量，光也有质量，那么会怎么样呢？

会相互拉拽。

就是这样，所以光是会弯曲的。

爱因斯坦也认为是这样吗?

是的，说明得很棒。

那么在这一部分，二位的意见没有区别了。

意见没有区别?

二位都同意光是会弯曲的，也就是说二位的意见没区别。

不是的。

那么你的意思是有区别的?

没错。

请具体地讲解一下吧。

我计算出了光弯曲的角度。

证明光弯曲角度的方法

爱因斯坦还讲述了自己关于光会弯曲想法的证明方法。只要在出现日食时，计算出经过太阳周围的光弯曲的角度即可。1919年5月29日发生了日食，英国科学家通过观测验证了爱因斯坦的预测，结果和爱因斯坦预测的一样。

光弯曲的角度

牛顿没有亲自计算光弯曲的角度吗？

啊，是的，我……并没有计算。

即使这样，万有引力是牛顿发现的，用它来计算光弯曲的角度的话，应该不成问题吧？

问题很尖锐啊！但是如果是这种程度的问题，我就不会将这一主题放到本轮争论中来了。

啊，原来如此。

我在计算光弯曲的角度时并没有使用万有引力定律。

那么是用什么？

我使用的是从广义相对论中推导出来的重力场方程式。

你是说不是用万有引力定律，而是用重力场方程式求出了光弯曲的角度？

是的。

真令人吃惊啊！

吃惊似乎有点为时过早吧。

你的意思是？

重要的不是用什么计算出的，而是计算结果是否正确。

说得没错。

与用万有引力定律计算出的结果不同吗？

当然不同，不过最初我也没有做出这样的判断。刚开始我也认为光是按照万有引力计算出的结果弯曲的。但是仔细想想，并非如此，我回到了最根本的问题上。

所谓根本的问题是指什么？

就是“光为什么会弯曲？”

难道不是因为万有引力的作用吗？

这是其中一个重要原因，但是……

你是说除了重力，还有其他的重要原因吗？

是的。

我很好奇那到底是什么。

就是空间。

空间？

没必要想得太复杂，因为我们所生活的世界就是空间，光是在空间内运动的。

没错。

但是，如果这个空间弯曲了会怎么样呢？

什么？等等！你说空间是弯曲的，真令人难以置信。

我也感到非常惊讶。

地球也在空间内，太阳也在空间内，不是吗？

是的。

你现在是说这个空间是弯曲的？

当然。

不会的，绝对不会！爱因斯坦这是你的错误理解，空间是绝对不会弯曲的。

那么，你认为空间是什么样子的呢？

空间当然是平的。

不是的，空间明明是弯曲的。

好吧，就算空间是弯曲的，那么，我们必须来证明这一点吧？

是的。

如果无法证明，这不过是一个玩笑话而已。

当然能证明了。

很有自信啊。

应该如何证明呢？

光弯曲的角度是由万有引力的大小决定的。

当然。

但是，如果连光所经过的空间也弯曲的话，会怎么样呢？

光会按照空间弯曲的角度再弯曲一些。

就是这样。

请再详细地说明一下吧。

例如，万有引力让光弯曲1度，如果空间弯曲1度的话，光就应该弯曲2度。

应该把万有引力的1度和空间的1度加起来，所以是这样。

那么只要计算出光弯曲多少就可以了。

是的，如果计算出光弯曲的角度与万有引力计算出的值相同，就说明牛顿的理论正确，如果是我的重力场方程式计算出的结果的话，就说明广义相对论正确。

关键是光到底弯曲了多少呢？

马上就可以看到。

光弯曲的角度

用万有引力来计算的话，光应该弯曲0.875角秒。但如果空间也弯曲的话，光就应该弯曲两倍，即1.75角秒。嗯，那么到底是谁的话正确呢？正确答案是光弯曲的角度为1.75角秒！这就证明了爱因斯坦的广义相对论是正确的。

讨论总结

万有引力定律在广义相对论面前屈膝投降了。牛顿，你承认吗？

我承认。

这样的话，应该说牛顿的万有引力定律是错误的理论吗？

那倒不是。

不是吗？难道不是错误的理论吗？

不是的。

为什么？

因为我们在日常生活中所遇到的自然现象，用牛顿的理论便可以充分说明了。

可以举个例子吗？

向地球上空发射人造卫星，或是向月球派送宇宙飞船时，应该仔细计算出飞行轨道吧。

当然，如果计算错误的话，会出大事的。

是的，需要非常精密的计算。但即使是这种程度的计算，用牛顿的重力理论也没有什么问题。

真的吗？

当然了，实际操作时也是用牛顿的重力理论在计算的。

那么，万有引力定律在什么时候会出现问题呢？

在需要非常精密地揭露自然现象时才会出现问题。广义相对论正是完善了这一点。

在处理我们日常生活中经常遇到的现象时，使用牛顿的万有引力定律是完全没有问题的。即使万有引力定律不是一个完美的理论，我们也要进行重点学习。两位具有划时代意义的天才科学家的讨论到此结束了。

这是一个非常有意义的讨论啊。

能够见到老前辈，我也感到非常高兴。

一句话总结

・牛顿认为：

重力是吸引物质的力，受到重力作用的世界是平平的空间。

・爱因斯坦认为：

重力是一种与加速度一样的物理现象，重力使空间弯曲。